松辽流域水资源保护系列丛书（六）

松花江流域典型河湖水质评价与预测研究

郑国臣　秦　雨　杨　帆等　著

科学出版社

北　京

内 容 简 介

本书在对比和分析现行松花江流域典型河湖水质评价的典型方法(单因子评价法、污染指数法、主成分分析法、因子分析法、层次分析法、聚类分析法、物元分析法、模糊综合评价法、灰色分析法、云模型法、BP 神经网络评价法)和水质预测方法(多元回归法、时间序列法、马尔可夫法、BP神经网络预测法、贝叶斯网络法)的基础上,将水质综合评价平台和智能预测平台融合,进行典型河流与水库水质的综合评价和智能预测。

本书所构建的可视化平台可实现水库水质综合评价的自动化、预测的智能化,且易于操作,对于进行合理的水质综合评价、预测具有重要的理论意义,也可以为松花江流域水环境的管理、水资源的开发利用提供重要的科学依据。

本书可作为水环境管理等相关领域的科研人员及管理人员的参考用书,也可作为大专院校环境、水利、生态专业教师和研究生的参考用书。

图书在版编目(CIP)数据

松花江流域典型河湖水质评价与预测研究/郑国臣等著. —北京:科学出版社,2018.8

(松辽流域水资源保护系列丛书;六)

ISBN 978-7-03-056646-1

Ⅰ. ①松… Ⅱ.①郑… Ⅲ. ①松花江-流域-河流水质-研究 Ⅳ. ①P343.1

中国版本图书馆 CIP 数据核字(2018)第 039898 号

责任编辑:张 震 孟莹莹 / 责任校对:赵桂芬
责任印制:吴兆东 / 封面设计:无极书装

科 学 出 版 社 出版

北京东黄城根北街 16 号
邮政编码:100717
http://www.sciencep.com

北京厚诚则铭印刷科技有限公司 印刷
科学出版社发行 各地新华书店经销

*

2018 年 8 月第 一 版 开本:720×1000 1/16
2018 年 8 月第一次印刷 印张:16
字数:320 000

定价:116.00 元
(如有印装质量问题,我社负责调换)

作者委员会

主　任：

郑国臣　　　（松辽流域水资源保护局）

秦　雨　　　（长春工程学院水利与环境工程学院）

副主任：

杨　帆　　　（松辽流域水资源保护局）

王　硕　　　（江南大学环境与土木工程学院）

张多英　　　（黑龙江大学建筑工程学院）

参加写作人员：

马品非　　　（塔城地区水利水电勘察设计院）

赵毓斌　　　（深圳先进技术研究院）

曹广丽　　　（城市水资源与水环境国家重点实验室
　　　　　　　哈尔滨工业大学）

张　正　　　（松辽流域水资源保护局）

何佳吉　　　（松辽流域水资源保护局）

刘晓旭　　　（松辽流域水资源保护局）

田浩然　　　（松辽流域水资源保护局）

前　言

伴随着人们对流域水质的更高要求和社会经济的不断发展，找到更加科学合理的水质评价与预测方法是当务之急。松花江流域位于中国东北地区的北部，东西长 920km，南北宽 1070km，流域面积 55.68 万 km²，是中国重要工业（机械、石油、化工、制药等）基地和粮食主产区。松花江流域作为吉林省、黑龙江省、内蒙古自治区的工业、农业用水和饮用水的主要来源，水质状况与社会的发展密切相关。与中国其他流域相比，松花江流域地处寒冷的东北部，具有自身的流域特点，如化工产品污染突出，农业面源污染严重，且流域冰封期极长。随着东北老工业基地振兴战略和国家粮食安全战略的实施，针对松花江流域的特点，松花江流域水质评价与预测的实践工作仍然面临很多难题。因此，系统开展松花江流域典型河流、水库水质评价与预测相关工作，对进一步加强流域水资源保护与管理具有重要的意义。

流域尺度的水环境管理应从目前的单要素分散管理转向以生态系统为对象的综合管理。中国颁布的《地表水环境质量标准》（GB 3838—2002）将地表水水域环境功能和保护目标按功能高低依次划分为 5 类，并规定了 24 项水质基本项目对应于不同水域功能类别的浓度限值。对水质单项指标，将其实测值与不同功能类别对应的水质浓度限值相比较，可以判断出单项指标的水质类别。除了单项水质指标的评价，还要开展综合水质评价，即通过一个确定的数值，对一组水质指标所反映的水质予以总体评价。在流域水资源保护中，尤其需要通过对一组水质指标反映的整体水质状况进行评价，科学合理地分析水环境总体水质变化情况及趋势。水质变化的定量考核能够更客观、更具有操作性地对水资源保护效果予以评价与预测。综合水质评价结论既不能掩盖水质污染的现实，尤其是主要污染指标，也不能过度保护，以最差水质指标的水质代表综合水质。近年来，综合水质评价与预测在流域水资源保护中得到了越来越多的应用。但是，综合水质评价与预测方法仍有一些关键问题需要研究和探讨。

水环境质量的评价与预测方法有很多种，各方法之间研究目的与水质评价的侧重点均有所不同。在松花江典型河流与水库的水环境质量评价的研究中，所采用的水质评价方法通常比较单一，评价结果与实际水质状况存在偏差，致使水环境管理缺乏科学的理论依据，导致水资源不能够得到合理的开发和充分的利用。

为解决这一问题，本书在对比和分析现行松花江流域典型河湖水质评价的典型方法（单因子评价法、污染指数法、主成分分析法、因子分析法、层次分析法、聚类分析法、物元分析法、模糊综合评价法、灰色分析法、云模型法、BP 神经网络评价法）和水质预测方法（多元回归法、时间序列法、马尔可夫法、BP 神经网络预测法、贝叶斯网络法）的基础上，根据各水质评价、预测方法的适用条件、优缺点等，将水质综合评价平台和智能预测平台进行融合，采用 MATLAB 技术实现平台的可视化，利用该平台进行典型河流与水库水质的综合评价和智能预测。本书所构建的可视化平台可实现水库水质综合评价的自动化、预测的智能化，且易于操作，对于进行合理的水质综合评价、预测具有重要的理论意义；可以为松花江流域水环境的管理、水资源的开发利用提供重要的科学依据；对于科学合理的流域水质综合评价、预测具有重要的推广价值；对于松花江流域水质控制决策的制定、水资源的合理开发利用具有重要的现实意义。

针对上述问题，本书分四部分共 15 章介绍松花江流域水环境管理中的综合水质评价技术及应用。

第一部分：第 1 章，绪论。阐述了松花江流域水环境管理中的综合水质评价和预测问题研究进展。

第二部分：第 2 章～第 9 章。围绕松花江流域水质评价问题，介绍多种典型的综合水质评价方法，包括单因子评价法、污染指数评价法、主成分分析法、因子分析法、层次分析法、聚类分析法、物元分析法、模糊综合评价法、灰色分析法、云模型法等。其中涵盖各种评价方法的理论、计算、应用等。

第三部分：第 10 章～第 14 章。围绕着松花江流域水质预测问题，详细介绍了水质预测方法（多元回归法、时间序列法、马尔可夫法、BP 神经网络法、贝叶斯网络技术）的原理、计算方法与流程、应用实例等。对已有的典型水质评价方法和新提出的融合水质评价方法平台进行比较研究，并进一步比选验证。

第四部分：第 15 章。本章围绕着流域水环境管理的实际需求，回答如何在水环境质量评价工作中，融合水质评价与预测方法平台。除了选用科学合理的水质评价方法外，本章还明确融合的水质预测功能、水质定性评价、水质随时间或空间变化评价等关键技术问题。

本书由郑国臣、秦雨统稿，杨帆、王硕、张多英主笔。其中第 1、4 章由郑国臣、秦雨撰写，第 2、3 章由杨帆、赵毓斌、刘晓旭撰写，第 5、7 章由王硕、张多英撰写，第 6、8 章由马品非、杨帆撰写，第 9、10 章由曹广丽、张正撰写，第 11、12 章由何佳吉、田浩然撰写，第 13、14 章由王硕、张多英撰写，第 15 章由秦雨、郑国臣撰写。

在本书的撰写过程中，水利行业的领导和同行给予了大力的支持；同时，哈尔滨工程大学刘雨、贺旭、黄昊、孙宇同、马小兵，长春工程学院王兆波，东北林业大学关博文、姜厚竹，江南大学钱凯、朱引、王玉莹，东北农业大学谷际岐、张梦琦等同学也为本书的撰写做了大量而繁琐的工作，在此一并表示感谢。为了系统梳理水环境评价与预测工作，加快完善松花江流域水环境评价体系，作者结合近年来开展的相关课题及工作积累撰写本书。经过三年的艰苦努力，在完成科研项目的同时，也顺利完成了此书的撰写工作，并得到了部分专家、学者和管理人员的宝贵建议，在此也对给予过我们无私帮助的所有人表示衷心的感谢。本书得到国家水体污染控制与治理科技重大专项"基于水环境风险防控的松花江水文过程调控技术及示范"项目（项目编号：2012ZX07201006）的资助。

由于作者水平有限，书中不当之处在所难免，望广大读者批评指正。

郑国臣

2018 年 5 月

目　　录

第1章 绪　　论

本书通过松花江流域典型河湖水质分析，介绍国内外相关评价方法[主要包括单因子评价法、污染指数法、主成分分析法、因子分析法、层次分析法（analytic hierarchy process，AHP）、聚类分析法、物元分析法、模糊综合评价法、灰色分析法、云模型法、反向传播（back propagation，BP）神经网络法]、预测方法（主要包括多元回归法、时间序列法、马尔可夫法、BP 神经网络法、贝叶斯网络法）的研究进展，解析适用于松花江典型河流、水库的水质评价与预测方法，进而提出构建松花江流域典型河湖水质评价与预测综合平台的技术思想，为诊断松花江流域水质状况提供技术支持。

1.1　松花江典型河湖水质状况分析

1.1.1　河流水资源质量状况

2016 年，水利部对松花江区 16 239.5km 的河流水质状况进行了全年、汛期和非汛期评价，水质总体为中。全年Ⅰ～Ⅲ类、Ⅳ～Ⅴ类和劣Ⅴ类水河长分别占66.7%、25.7%和7.6%。汛期Ⅰ～Ⅲ类、Ⅳ～Ⅴ类和劣Ⅴ类水河长分别占60.5%、34.1%和5.4%。非汛期Ⅰ～Ⅲ类、Ⅳ～Ⅴ类和劣Ⅴ类水河长分别占69.5%、22.9%和 7.6%。全年主要超标项目为高锰酸盐指数、化学需氧量和氨氮。与 2015 年相比，全年Ⅰ～Ⅲ类水河长比例下降了 3.1%，Ⅳ～Ⅴ类水河长比例上升了 4.5%，劣Ⅴ类水河长比例下降了 1.4%。

1.1.2　重要江河湖泊水功能区水质达标状况

2016 年，水利部对松花江区 319 个重要江河湖泊水功能区进行了评价。水功能区全因子评价达标 113 个，达标率为 35.4%，主要超标项目为高锰酸盐指数、氨氮和总磷。水功能区限制纳污红线主要控制项目评价达标 161 个，达标率为50.5%，主要超标项目为高锰酸盐指数、氨氮和化学需氧量。与 2015 年相比，水功能区限制纳污红线主要控制项目评价达标率上升了 3.7%，水功能一级区达标率上升了 4.9%，二级区达标率上升了 3.0%。

1.1.3 省（区）界及其他重要水体水资源质量状况

2016 年，水利部对松花江区省（区）界及其他重要水体 20 条河流的 51 个断面进行了监测评价，水质为良。Ⅰ～Ⅲ类、Ⅳ～Ⅴ类和劣Ⅴ类水质监测断面比例分别为 92.1%、5.9% 和 2.0%。劣Ⅴ类断面 1 个，为卡岔河的龙家亮子断面。全年主要超标项目为氨氮、化学需氧量和高锰酸盐指数。与 2015 年相比，全年Ⅰ～Ⅲ类水质监测断面比例上升 5.8%，Ⅳ～Ⅴ类比例下降 5.9%，劣Ⅴ类比例上升 0.1%。

1.1.4 松花江区重要大中型水库

2016 年，水利部对松花江区 18 座大中型水库（17 座大型，1 座中型）进行了水质和营养状态评价，全年水质为Ⅱ～Ⅲ类的水库 13 座，占 72.2%；Ⅳ～Ⅴ类 4 座，占 22.2%；劣Ⅴ类 1 座，占 5.6%。按营养状态评价，中营养水库 4 座，占 22.2%；富营养水库 14 座，占 77.8%。

1.2 河湖水质综合评价与预测情况分析

1.2.1 河湖水质评价研究情况

河湖水质评价是水环境保护与管理的重要内容。通过对水质状况的分析，才能有针对性地制定河湖水环境管理决策与规划；通过科学合理的水质评价，才能准确诊断河湖水质状况，为推进流域水资源保护奠定良好的基础（康晓风等，2014；Fan et al.，2016）。依据《地表水环境质量标准》（GB 3838—2002），地表水水域环境功能和保护目标按功能高低依次划分为 5 类，该标准还规定了 24 项基本项目对应水质类别的浓度限值。对水质单项指标，将实测值与不同功能类别对应的水质浓度限值相比较，可以判断出单项指标的水质类别（Ⅰ、Ⅱ、Ⅲ、Ⅳ、Ⅴ）以及水质浓度的时空变化，这是单项指标的水质评价。然而，影响水质评价的因素是复杂的，往往需要将反映评价水质的多项指标信息加以汇集，得到多指标综合评价方法。在流域水资源保护与管理中，尤其需要通过对一组水质指标反映的整体水质状况进行评估，分析水环境总体水质变化状况及趋势。近年来，综合水质评价在松花江流域水资源保护中得到了越来越多的应用，但要更好地服务于松花江流域水环境管理，仍有一些关键问题需要研究和探讨。

1.2.2 河湖水质预测研究情况

流域水质状况的预测，不仅包括综合水质类别的变化，还应包括同一水质类别和不同水质类别间综合水质变化的趋势分析，而综合水质预测更具有实际意义。

经过流域水环境治理后，尽管水质会所有改善，但由于评价方法的差异，或者某一因子没有根本改善，水质类别不一定好转。因此，对流域水质变化的定量预测与分析应该更客观、更具有操作性。目前，典型流域水质预测方法主要有多元回归法、时间序列法、马尔可夫法、BP 神经网络法、贝叶斯网络法等。本书分别对这些方法的原理、计算方法与流程等进行介绍和应用，针对流域典型河湖水质预测方法的不足之处，提出方法的改进方向，对已有的典型方法和新提出的方法进行比较、遴选和验证，进而针对流域水环境管理的实际应用，构建流域典型河湖的水质预测平台。

1.3　流域水环境管理中的水质评价法概况

1.3.1　水质指标的选择

　　水质指标的选择是水质综合评价的首要工作。水质指标的选择包括定性与定量两方面，其中全面性与代表性两方面难以兼顾，是水质指标选择的主要问题。《地表水环境质量标准》（GB 3838—2002）中项目共计 109 项，其中地表水环境质量标准基本项目 24 项，集中式生活饮用水地表水源地补充项目 5 项，集中式生活饮用水地表水源地特定项目 80 项（黄廷林等，2009）。由于很难对所有的水质指标进行评价，水质指标信息的冗余等因素决定了我们在进行水质综合评价时，指标以及指标数量的选取至关重要。指标数量过少，代表性较弱；过多则会造成计算量加大、成本上升、大量信息冗余等问题。目前，水质指标的选取一般依据主观定性的方法，常见的有层次分析法、主成分分析法和聚类分析法等。

1.3.2　水质指标的预处理

　　由于各个水质指标的单位不同，数据的数量级相差较大，且溶解氧（DO）、pH 等指标不像总氮（TN）等指标数值越大表示水质越差，所以在进行评价工作时，为了工作的方便以及结果的准确性，需要对数据进行标准化。水质指标的标准化包含两个方面：一是由于量纲的不同，对水质指标进行无量纲化；二是针对 DO、pH 等指标，对数据进行同向化处理。水质指标的标准化方法多种多样，本章只介绍三种常用的标准化方法。

1. 数据的极值化处理

此方法是将实测数据与水质标准的最大、最小值做商，具体计算公式如下。
越小越好的指标：

$$x' = \frac{x}{S_{\max}} \tag{1-1}$$

越大越好的指标：

$$x' = \frac{S_{\min}}{x} \tag{1-2}$$

式中，x 代表某一指标实测值；$S_{\min}$、$S_{\max}$ 分别代表水质指标标准限值中的最小、最大值。此种方法在将数据无量纲化的基础上，对数据进行了同向化处理，方法简单。

2. 数据的中心化处理

中心化处理是将数据进行正态标准化处理，是一种常见的数据处理方法。其计算公式如下：

$$x' = \frac{x - \bar{x}}{\sigma} \tag{1-3}$$

式中，$\bar{x}$、σ 分别是某一水质指标数据的平均值与标准差；x 是水质指标的实测值。此种处理方法能很好地表现数据的波动趋势，但只能处理原始数据正态分布或类似正态分布的情况，不能将数据同向化。

3. 数据的"相似三角形"处理

利用相似三角形原理，对数据进行无量纲与同向化，具体方法如下。

对于越小越好的指标：

$$x' = \frac{x - \min(s_j)}{\max(s_j) - \min(s_j)} \tag{1-4}$$

式中，s_j 代表 j 类水质标准限值，如果 x 小于 $\min(s_j)$，x' 等于 0。

对于越大越好的指标：

$$x' = \frac{\max(s_j) - x}{\max(s_j) - \min(s_j)} \tag{1-5}$$

式中，如果 x 大于 $\max(s_j)$，x' 等于 0。"相似三角形"的数据处理方法，可以很好地保存数据的原始信息，同时也将数据进行了同向化处理。

1.3.3 权重系数的确定

如何尽可能准确地确定水质指标的权重系数，是水质综合评价需要解决的重要问题。不同的水质指标以及相同水质指标不同的污染浓度，对水质污染程度的贡献率是不同的。权重系数的确定，一般采用主观权重法与客观权重法这两类。客观权重法是根据水质指标信息进行数学处理得到权重，例如熵权法、污染贡献率法等；主观权重法包括专家打分法、层次分析法等。

1. 熵权法确定权重

熵是系统有序性的度量，在水质评价中，水体混乱程度间接体现了水质状态的优劣，因此，可以利用信息熵的思想来确定水体中水质指标所占权重（李艳华，2015）。其具体确定方法如下：

$$w_i = \frac{1 - H_i}{n - \sum_{i=1}^{n} H_i} \tag{1-6}$$

$$H_i = \frac{-\sum_{j=1}^{m} f_{ij} \ln f_{ij}}{\ln m} \tag{1-7}$$

$$f_{ij} = (1 + x'_{ij}) / \sum_{j=1}^{m} (1 + x'_{ij}) \tag{1-8}$$

式中，x'_{ij} 代表第 j 个对象第 i 个水质指标标准化的值，水质指标有 n 个，评价对象有 m 个。得到 w_i 后对数据进行归一化，保证总和为 1，即为各个水质指标的权重。此种方法计算结果可信度较大，自适应功能强，但会受到模糊随机性的影响，而且各指标间的联系不大。

2. 污染贡献率法确定权重

污染贡献率法又叫超标倍数法，此种方法根据各个水质指标的实测浓度与水质标准限值之比来确定污染程度，水质实测浓度超过水质标准限值越多，污染物贡献权重越大。

$$w_i = C_i / \overline{S}_i \tag{1-9}$$

$$\overline{S}_i = \frac{1}{m} \sum_{j=1}^{m} S_{ij} \tag{1-10}$$

$$a_i = \frac{w_i}{\sum_{1}^{n} w_i} \tag{1-11}$$

式中，C_i 代表第 i 项水质指标实测值；S_{ij} 代表第 i 项水质指标第 j 类水质标准限值；a_i 代表第 i 类水质指标权重值。

除熵权法、污染贡献率法以及主成分分析法之外，客观权重法还包括超标-贡献率法、阈值赋权法等。在研究水质指标权重的过程中，人们创造出权重系数法，综合考虑其水质指标的毒性、水体降解能力、生物富集度等因素，这些因素都会在一定程度上影响人们对水质指标权重的确定。

3. 层次分析法确定权重

层次分析法是一种将人的主观判别进行客观量化的方法，常常结合专家打分法进行水质指标权重的确定。通过将复杂问题分解为若干层次和若干因素，对两两指标之间的重要程度作出比较判断，建立判断矩阵，通过计算判断矩阵的最大特征值以及对应特征向量，就可得出不同方案重要性程度的权重。层次分析法的具体步骤如下：构建水质指标两两判别矩阵；计算矩阵最大特征值及其对应的特征向量，对特征向量进行归一化，得到水质指标权重；进行一致性检验，若未通过一致性检验则要重新构建两两判别矩阵。

1.3.4 主成分分析法

主成分分析法是数理统计方法的一种，是数理统计的一种重要手段，其计算量较大，是一种降维的方法。水质评价中指标众多，指标之间并不是完全独立的，相互之间存在一定的相关性，这使得我们在评价工作中存在信息的重叠与冗余，而主成分分析不仅能在一定程度上减少指标数量，而且能使筛选出的水质指标两两之间不相关。在保证信息量损失最小的情况下简化计算，提高评价结果的可信度，筛选出重要的水质指标，提出次要的水质指标。

1.3.5 聚类分析

聚类分析又被称为群分析，利用数理统计的手段，对数据进行分类的一种方法。聚类分析同主成分分析方法类似，都是在大量的样本数据的基础上进行的。在水质指标的筛选中，将相关性或数据特征相近的水质指标利用聚类分析方法归为一类，可以减少水质指标的监测与计算数量。聚类分析可以分为系统聚类法和动态聚类法，两种都是现今应用较为成功的聚类方法，其核心问题是根据样本之间的相似性来度量类别距离，其中度量的方法很多，包括布洛克（Block）距离法、欧氏距离法、闵可夫斯基（Minkowski）距离法、切比雪夫（Chebychev）距离法、马氏距离法、夹角余弦法、相关系数法等。

1.3.6 综合值的处理

水质的综合处理大概可以分为四类。第一类是对每一项单项指标进行评分，得到单项指标的污染得分，分别乘以各自权重后加和，或利用合理的数学方法进行计算。此类方法因为简单易操作，在水质综合评价中得到广泛的应用。其中，具有代表性的方法有加权叠加法、平方根法、内梅罗污染指数法等。各种方法由于其侧重点不同，评价结果各有优劣。第二类是不确定性方法，这是从水环境中具有过多的模糊性、不定性等方面考虑的。此类方法利用隶属度（关联度、密切值）等概念对单项水质进行归类以确定隶属度，再加权求得总隶属度。目前较为常用的方法有模糊数学法、灰色模型法、层次分析法、物元分析法、云模型法等。第三类是利用数理统计等手段对数据进行归类，评价水质类别，包括主成分分析法、聚类分析方法、多元统计方法等。第四类方法是利用计算机建立灰箱或黑箱模型判定水质的状态。

1. 污染指数的计算

单项污染指数表示单项水质指标是否达到规定的水域功能类别以及相对于水域功能类别的达标或超标程度。单项污染指数的计算分三种情况：递增指标的计算；递减指标的计算；pH 等指标的计算。其中，递增指标的计算如下：

$$I_i = \frac{C_i}{S_{oi}} \tag{1-12}$$

式中，I_i 是水质指标 i 的污染指数；C_i 是水质指标 i 的实测浓度；S_{oi} 是水域功能类别对应的水质指标 i 浓度限值。

2. 隶属度的确定

首先，选取评价因子 $U = \{x_1, x_2, \cdots, x_m\}$，$x_m$ 表示第 m 个水质指标实测值。根据水质标准的限值确定评价标准集合，然后建立模糊关系矩阵 $R = (r_{ij})_{nm}$，R 表示水质评价因子与水质评价标准的模糊关系，r_{ij} 表示第 $i(i = 1, 2, \cdots, m)$ 个水质指标对第 $j(j = 1, 2, \cdots, n)$ 类标准的隶属度（彭祖增和孙韫玉，2002）。r_{ij} 通过常用降半梯形分布的隶属函数计算确定。

递增水质指标的隶属函数通用表达形式如下：

$$r_{ij} = \begin{cases} 0, & C_i \leqslant S_{i,j-1} \text{或} C_i \geqslant S_{i,j+1} \\ \dfrac{C_i - S_{i,j-1}}{S_{ij} - S_{i,j-1}}, & S_{i,j-1} \leqslant C_i \leqslant S_{i,j} \\ \dfrac{S_{i,j+1} - C_i}{S_{i,j+1} - S_{i,j}}, & S_{i,j-1} < C_i < S_{i,j+1} \end{cases} \tag{1-13}$$

式中，C_i 表示第 i 项水质指标的实测值；S_{ij} 表示第 i 项水质指标第 j 类水质限值。

对于隶属度的确定方法，降半梯形分布较为简单常用，但是水质指标的隶属度并不严格按照梯形分布。在特定环境下，正态分布更符合水质指标的隶属度变化。

1.3.7　计算机智能模型法

随着计算机技术的发展，一些需要大量数据计算模拟的方法得以实现。神经网络法、基于自由搜索（或粒子群算法、遗传算法）的投影寻踪模型等方法在水质综合评价中得到应用。

人工神经网络是 20 世纪 80 年代中期兴起的前沿研究领域。其主要特点是具有强大的并行处理能力、非线性映射能力、自组织能力、自学习能力和自适应能力。其中，BP 神经网络是一种单向传播的多层前馈神经网络，主要特点是信号前向传播、误差反向传播，在水质评价领域，BP 神经网络发展迅速。BP 神经网络的优点是显著的，但是其可能陷于局部最优值是水质评价中需要解决的问题，在BP 神经网络的基础上，研究人员对其进行一定程度的改进，使 BP 神经网络的评价更为准确合理（韩力群，2017）。

在水质综合评价中，由于实际水体各单项水质指标的评价结果常常是不相容的，直接利用水质评价标准进行水体质量等级评判缺乏实用性，而研究人员基于计算机优化建立的投影寻踪模型很好地解决了此类问题。此类方法应用于水质综合评价的步骤是：建立投影寻踪模型；利用优化方法寻求模型最优解（优化方法有自由搜索、粒子群、遗传算法等）；对实测水质数据进行评价。

1.4　流域水环境管理中的水质预测方法

水质预测是根据水质实际情况，运用水质模型推断水体或水体某一地点的水质在未来的变化。水质模型又叫溶质运移模型。对于湖泊水质模拟方向，也从单一的有机污染模拟发展到复杂的富营养化生态模拟，其模型更加复杂也更加精确且切合实际。自然水体是一个复杂的生态系统，污染物在水体中经过扩散、紊流、沉淀以及降解等复杂过程，水质会发生无规则变化。水质模型依据物质质量守恒和能量守恒原理，通过流体力学中的连续方程、运动方程、能量方程推导得出。在不同的水质模型中，美国环境保护局提出的水质分析模拟程序（water quality analysis simulation program，WASP）在河流、湖泊等水体得到了广泛的应用，也取得了较为满意的效果。

但是，由于流域水环境系统的复杂性，各水质影响因子之间也存在复杂的关系，水质模型的应用受到了阻碍。水质模型的建立，需要根据大量的水文地质等资料，且建立过程复杂，难度极大，而相对简化的数学模型又难以合理反映水质变化。水质机理性模型由于考虑了水生态系统复杂的变化规律，往往能够较全面地反映水质变化情况，同时，也因为考虑过多的水质影响因素以及时间、空间的不确定性，导致模型过于复杂，难以实现。而非机理性模型并未考虑内部分解、沉淀等机理作用，通过输入输出之间的关系建立黑箱模型，不仅简化了模型，也取得了较为理想的效果。同时，由于计算机科技的发展，以及人工神经网络、参数优化方法在水质预测方面的应用，水质非机理性方法更为成熟。

1.4.1 多元回归预测法

多元回归预测法是研究多个变量之间关系的回归分析方法，按因变量和自变量数量的对应关系可划分为一个因变量对多个自变量的回归分析及多个因变量对多个自变量的回归分析，按回归模型类型可划分为线性回归分析和非线性回归分析。虽然自变量和因变量之间没有严格的、确定性的函数关系，但可以设法找出最能代表它们之间关系的数学表达形式。多元回归法通过数学建模来寻找对应的回归方程，但对于不同的模型而言，会出现线性或非线性的区别。多元回归分析可以根据一个或几个变量的值，预测或控制另一个变量的取值，并且可以知道这种预测或控制能达到什么样的精确度，也可以在共同影响一个变量的许多变量（因素）之间，找出哪些是重要因素，哪些是次要因素，以及因素之间的关系等。

1.4.2 时间序列法

在水质预测工作中，由于影响水质预测的因素错综复杂，水质变化并不一定近似符合指数分布。由于水质影响因素有较大波动，灰色模型很可能无能为力，而采用时间序列法，却能很好地解决这个问题。时间序列法是根据过去的数据变化规律来预测未来数据，数据随着时间变化的一种统计方法。时间序列法分为确定型时间序列法和随机型时间序列法。确定型时间序列法建立在原始数据变化具有一定规律、能用时间函数近似表达的方法的基础上，包括应用最广泛的时间序列平滑法、趋势外推法、季节变动预测法。而随机型时间序列法是用来处理难以用时间函数表达的数据，例如博克斯-詹金斯法。

1.4.3 马尔可夫法

马尔可夫法基本原理是利用过往统计资料，计算出各个状态的出现概率以及各个状态相互转换的概率，以预测事物的未来变化。在水质的预测研究中，研究人员引入马尔可夫法，当灰色区间选取较为合理时，其预测结果较为可信。但是马尔可夫法需要大量的数据进行支撑，且在预测一定期数后，会逐渐趋于稳定状态。

1.4.4 人工神经网络预测法

人工神经网络是一种依据人脑神经元结构设计的计算方法，其研究起始于 19 世纪 40 年代，但是直到 20 世纪 80 年代后，关于人工神经网络的研究才急速兴起。人工神经网络在理论上可以拟合任意线性、非线性关系，因此在各个领域得到了广泛的应用。由于我国经济的快速发展，水环境系统恶化，而水环境系统本身特有的复杂性使研究人员单纯利用传统的机理性与非机理性方法所得预测结果难以满足预测的需要（曹艳龙，2008）。因此，研究人员将人工神经网络引入水环境体系，通过监测资料建立适合的人工神经网络，以实现对水质的预测。

在水质预测方面，常用的利用人工神经网络建立的具体预测模型有以下三种。

（1）以上一期水质监测数据预测下一期水质数据。建立的人工神经网络模型数学表述如下：

$$[D_1(t), D_2(t), \cdots, D_m(t)] = F(D_1(t-1), D_2(t-1), \cdots, D_m(t-1)) \qquad (1-14)$$

式中，$D_m(t)$ 代表 t 时期第 m 个水质指标的预测值；$D_m(t-1)$ 代表 $t-1$ 时期第 m 个水质指标的监测值；F 代表训练好的人工神经网络模型映射。

（2）以过往数期水质监测数据预测下一期水质数据。建立的人工神经网络模型数学表述如下：

$$D_m(t) = F(D_m(k), D_m(k+1), \cdots, D_m(t-1)) \qquad (1-15)$$

式中，$D_m(t)$ 代表 t 时期第 m 个水质指标的预测值；$D_m(k)$ 代表 k 时期第 m 个水质指标的监测值；F 代表训练好的人工神经网络模型映射，其中 $k<t-1$。

（3）以水质监测数据随时间的变化关系预测未来水质建立的人工神经网络模型，其数学表述如下：

$$D_m(t) = F(t) \qquad (1-16)$$

式中，$D_m(t)$ 代表 t 时期第 m 个水质指标的预测值；t 代表第 t 时期；F 代表训练好的人工神经网络模型映射。

这三种建立人工神经网络预测模型的方法各有优缺点。式（1-14）所表述的模型最为复杂，偏重于上一期水质对下一期水质的影响，理论上，在样本数据足够大、训练模型拟合度好的情况下，该方法是三种方法中最为合理可信的。式（1-15）、式（1-16）所表述的方法都是建立在时间序列法的基础理论上的，式（1-15）侧重过往数期水质数据对未来数据的影响，其表述方法更加适合于水质指标变化较为平稳的水体。而式（1-16）则认为某一水体水质变化只是时间的函数，该表述方法对于边界条件变化不大的水体预测效果较好且模型训练简单。

1.4.5 贝叶斯网络法

贝叶斯网络使用图模型来表示变量间的因果关系，通过概率理论来描述变量之间的概率依赖程度。贝叶斯网络具有强大的数据分析能力，是一种定性与定量相结合的推理方法。贝叶斯网络的优势在于具有灵活的拓扑结构、易于理解和解释，充分考虑了水资源与生态环境之间的关系，以简单易懂的形式来表示系统中的不确定性关系，能够进行预测推理或诊断推理，可以解决水环境系统中具有的不确定性问题，如水环境预测、水环境评价和水生态风险管理等。贝叶斯技术就是以整体的观点对复杂系统构成要素之间的关系进行研究，是一种用以处理复杂问题的图示化方法，可以保证所在的群体能够真正深刻地共享这一视图，制定解决问题的方案，在需要的时候能够通过知识分享和讨论进行调整，有助于形成正确决策，也是一套适当的、用来理解复杂系统及其相关性的工具包。同时，可以促进我们协同工作的有序开展，增强管理能力并开展跨部门合作，并向更高层次的学习和管理绩效迈进。利用贝叶斯理论量化参数的不确定性是极其有效的方法。在缺少监测数据的情况下，可以将未知变量同模型参数一起进行贝叶斯估计，量化不确定性，实现资料匮乏区域的建模。贝叶斯网络作为一种统计模型，无需建立复杂的模型，量化不确定性的能力强，当数据充足时，利用贝叶斯网络能够避免复杂机理模型的模拟耗时，有效提高计算能力。

1.4.6 其他预测方法

除了上述水质预测方法，研究人员还利用统计方法建立各个水质影响因子关系的多元回归模型。针对 BP 神经网络预测容易陷入局部最小值的缺点，人们建立了深度学习的人工神经网络预测模型。研究人员还引入自组织法及混沌理论建立水质预测模型来提高水质预测精度，基于地理信息系统对水体水质进行预测以及多元数据融合的引入更是热门方向。针对单一预测模型对水质预测的优缺点，研究人员将各种方法进行组合预测，其中具有代表性的有两类，一类是将不同水质预测方法进行概率组合，另一类是不同方法优势互补，这两类预测结果都取得了较为理想的精度。

1.5 本 章 小 结

水质评价方法包括单因子评价法、污染指数法、主成分分析法、因子分析法、层次分析法、聚类分析法、物元分析法、模糊综合评价法、灰色分析法、云模型法等。它们主要遵从一个统一的思路，包括确立评价的指标体系、确定各指标的权重、建立评价数学模型、评价结果的分析等几个环节。水质预测方法包括多元回归法、时间序列法、马尔可夫法、BP 神经网络法、贝叶斯网络法等。这些方法需要充分的数据进行计算，而松花江流域水质监测历史较短，数据缺乏，本书针对目前流域典型河湖的水质评价与预测方法的不足之处，提出综合水质评价与预测的改进方向，进一步提出河湖综合水质评价与预测平台构建的思想，将其应用于水资源保护与管理中。针对流域水资源保护与管理的实际需求，基于水质综合评价与预测平台，实现流域水质综合评价与诊断技术，逐渐提高水质预测的精度。可以预见，随着松花江流域水质监测数据的不断积累，数理统计分析在水质预测方面必将具有强大的生命力；随着相关理论发展与计算机系统的进步，机理性水质预测模型必将得到广泛的应用；对于需要大量资料的水质模型，基于地理信息系统以及多元数据融合的大数据模型更是新兴技术，在水质评价与预测方面必将具有十分广阔的前景。

第 2 章 基础评价方法

目前，流域水质评价方法主要采用单因子评价法与污染指数法。单因子评价法是一票否决原则，即在所有参与评价的水质指标中，选择水质最差的单项指标所属类别来确定所属水域综合水质类别，或者在所有参与评价的水质指标中，若有某一单项水质指标超标，则所属水域的使用功能便丧失（董桂华，2016；Koklu et al.，2010）。单因子评价法简单直观，但就流域水质评价而言，其所采用的一票否决原则表现为过保护，不能科学合理地评判水质类别，值得商榷。污染指数法用各水质指标的实测值与其评价标准（通常采用水体功能类别对应的水质指标浓度限制）之比作为标准指数单元，通过算术平均、加权平均、连乘及指数等诸多数学手段得到一个综合污染指数，作为水质评定尺度来评价综合水质。污染指数法的特点是计算简单，常用的污染指数法包括罗斯指数、内梅罗污染指数等。

2.1 概　　述

流域水质状况如何，与污染因子的影响程度有关，不应该简单地认为一项污染因子超标，则水体一定丧失使用功能。科学合理的做法是分析所有参与评价的污染因子对水域使用功能的影响程度：若某一项对水体功能产生关键影响的因子超标，则水体完全丧失使用功能；若某一项对水体功能不产生关键影响的因子超标，水体不会完全丧失使用功能，可以认为水体部分丧失使用功能；若有多项对水体功能不产生关键影响的因子超标，先判断多项因子的叠加影响，进一步判断水体是完全丧失使用功能还是部分丧失使用功能。因此，为了实现科学合理的水质评价，单个污染因子对水体使用功能影响程度的判定以及多个污染因子叠加对水体使用功能影响程度的判定是关键。

2.1.1 单因子评价法

单因子评价法是国家标准（GB 3838—2002）规定的水质评价方法，以目标水体的最差单项指标作为该水体水质类别的判断依据。单因子评价法的优势是能够通过与国家地表水质量指标逐项对比快速找出最差评价指标并判断出目标水质类别；缺点是没有考虑各个指标对水质的综合影响，也不考虑不同指标对水质危害能力的大小，这样就会与水质实际质量存在差异性（董桂华，2016）。

单因子评价指数公式为

$$P_i = C_i / C_0 \tag{2-1}$$

式中，P_i 为单因子评价指数；C_i 为某一种水质指标的实测值；C_0 为某一种水质指标的评价标准。

对于溶解氧（DO），其水质指数计算公式为

$$I_{DO} = |C_{DO,f} - C_{DO}| / (C_{DO,f} - S_{O,DO}), \quad C_{DO} \geqslant S_{DO} \tag{2-2}$$

$$I_{DO} = 10 - 9C_{DO} / S_{O,DO}, \quad C_{DO} < S_{DO} \tag{2-3}$$

式中，I_{DO} 是 DO 的单污染指数；C_{DO} 代表 DO 的实测浓度；$S_{O,DO}$ 代表与水体功能类别对应的 DO 浓度限值；$C_{DO,f}$ 代表饱和溶解氧浓度。

单因子评价指数越小，意味着该指标对评价水体的污染程度越轻，反之越重。

2.1.2　内梅罗污染指数法

内梅罗污染指数是一种兼顾极值（或称突出最大值）的计权型多因子环境质量指数。

$$I_i = \frac{C_i}{C_{i0}} \tag{2-4}$$

$$I_{ave} = \frac{1}{n} \sum_{i=1}^{i=n} I_i \tag{2-5}$$

$$P = \sqrt{\frac{I_{ave}^2 + I_{max}^2}{2}} \tag{2-6}$$

式中，C_i 为第 i 项评价因子的实测值；C_{i0} 为第 i 项评价因子的标准值（采用 GB 3838—2002 中的Ⅲ类标准值）；I_i 为第 i 项评价的污染指数；I_{max} 为评价因子污染指数的最大值；I_{ave} 为评价因子污染指数的平均值；P 为内梅罗污染指数。其中，当 $P<0.7$ 时，表明水质较好，基本没有超标的污染项；当 $0.7<P<1$ 时，表明水质一般，可能存在超标的污染项；当 $P>1$ 时，表明一定存在超标的污染项，而且 P 越大，表征水体污染越严重（罗芳等，2016）。

2.2　单因子评价法应用

2.2.1　断面选取

省界缓冲区的作用是为控制相邻省份水污染或上游对下游的水质影响，协调省（区）际用水关系，一般为跨省、自治区行政区河流及省（区）边界河流、湖泊的边界附近等水域。省界缓冲区水质监测与评价，可以明确跨界污染责任，落实国家水资源保护政策，还可以加强水资源污染防治与预警，对协调省（区）际

建立和谐用水关系具有重要意义。为使省界缓冲区水资源保护工作全面到位，必须对省界缓冲区水资源质量监测工作进行系统研究，及时总结监测工作进展，为水行政主管部门开展水功能区水质达标评价工作提供科学可行的技术支撑。

在对嫩江流域省界缓冲区水环境进行水质评价，从上游源头加西至下游三岔河选取断面时保证断面能够有效覆盖嫩江干流全境，同时断面选择时考虑设置断面是否能够结合周边环境分析此段污染来源。在嫩江流域省界缓冲区干流共设置11个监测断面（图 2-1），分别为加西、石灰窑、繁荣新村、小莫丁、鄂温克族乡、大河、金蛇湾码头、莫呼渡口、两家子水文站、大安、三岔河。其中，加西和石灰窑地处嫩江干流源头，其监测数据可以反映嫩江源头水质；繁荣新村临近尼尔基水库库首，是嫩江浮桥、柳家屯到尼尔基水库汇合处，可区分嫩江县城和甘河对嫩江干流的污染情况；小莫丁表示尼尔基水库库末嫩江干流水质情况；鄂温克族乡断面与拉哈断面结合可以判断讷河红光糖厂排污是否对嫩江干流造成水质污染，鄂温克族乡与莫呼渡口、金蛇湾码头和大河断面位于齐齐哈尔四周，可以判断齐齐哈尔市是否对嫩江干流水质产生严重影响；莫呼渡口和两家子水文站结合可以作为判断黑吉地区缓冲区水质依据；最后大安和三岔河断面结合可以分析嫩江支流洮儿河对嫩江的影响，同时预测嫩江与第二松花江交汇处水质。

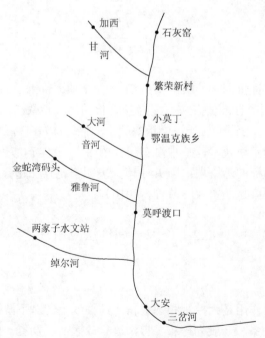

图 2-1　嫩江流域重要缓冲区断面分布示意图

2.2.2 水质评价指标

选取指标的原则遵循水功能区的划分、区域典型污染类别、周边自然情况及实际监测情况。由于嫩江流域省界缓冲区区域内重工业较少，工业点源污染对嫩江省界缓冲区影响并不大，所以水质评价指标选定侧重于能够代表面源污染特征的指标。根据监测实测值选择以下指标进行评价：溶解氧（DO）、高锰酸盐指数（COD_{Mn}）、化学需氧量（COD）、五日生化需氧量（BOD_5）、氨氮（NH_3-N）、总磷（TP）、砷、氟化物。

依据所选断面及指标情况，各项水质参数统计如表 2-1。

表 2-1 嫩江流域省界缓冲区各地区水质指标 2015 年最大值情况

（单位：mg/L）

断面	溶解氧（DO）	高锰酸盐指数（COD_{Mn}）	化学需氧量（COD）	五日生化需氧量（BOD_5）	氨氮（NH_3-N）	总磷（TP）
加西	≥5	10.8	29	≤4	1.15	≤0.2
石灰窑	≥5	16	52	≤4	≤1	≤0.2
繁荣新村	≥5	14.73	40.8	6.1	6.1	0.77
小莫丁	≥5	13.7	32.3	≤4	≤1	0.448
鄂温克族乡	≥5	10	26.8	4.1	1.05	0.24
大河	≥5	11.94	39.52	≤4	1.04	1.06
金蛇湾码头	≥5	8.1	26.7	≤4	1.71	0.86
莫呼渡口	≥5	9.1	28	≤4	1.48	0.21
两家子水文站	≥5	6.5	22	4.1	≤1	≤0.2
大安	≥5	7.88	25.54	5.9	1.52	0.29
三岔河	≥5	10.42	31.1	4.4	1.73	0.34

在嫩江流域省界缓冲区所选断面上，溶解氧质量浓度均达到或优于III类水体标准。高锰酸盐指数最大值出现在繁荣新村，在 2015 年 4 月，达到 14.73mg/L；化学需氧量最大值出现在 3～6 月，其中最大值出现在 2015 年 4 月的繁荣新村；五日生化需氧量半数以上达到或优于III类水体标准；除繁荣新村外，氨氮最大值均在 1～2mg/L，基本处于IV类水标准；总磷波动性较大，少数地区最大值达到或优于III类水体标准，多数地区未达到III类水体标准，甚至处于V类水标准。单因子评价法简单直观，但就综合水质评价而言，用最差的单项指标水质来决定水体综合水质情况，不能科学地评断其综合水质情况。中国一些饮用水源地的粪大肠菌群严重超标，按粪大肠菌群的指标判别，水域的水质类别劣于V类，如按中国的单因子评价法，那么这些水源地已失去使用功能，但实际上通过自来水厂标准处理工艺即能达到饮用水的标准，这类水体并未丧失饮用水源地的功能；而按美国的功能可达性评价方法，首先分析粪大肠菌群对水域使用用途的影响程度，进一

步得出的结论可能是水源地的使用功能部分得到支持，这样的评价结论显然比较合理。

2.2.3　单因子评价法的常见应用

为了体现嫩江流域省界缓冲区水体污染程度，明确嫩江流域省界缓冲区各监测断面的水质类别，根据省界缓冲区断面指标进行单因子评价，评价结果如表 2-2 所示。

表 2-2　嫩江流域省界缓冲区各断面年均单因子评价水质类别结果

断面	2011 年	2012 年	2013 年	2014 年	2015 年
加西	III	III	IV	III	IV
石灰窑	IV	IV	V	IV	IV
繁荣新村	IV	IV	V	IV	V
小莫丁	IV	IV	V	IV	III
鄂温克族乡	IV	III	V	IV	III
大河	IV	IV	劣 V	III	II
金蛇湾码头	IV	IV	IV	IV	II
莫呼渡口	IV	III	IV	IV	IV
两家子水文站	III	III	III	IV	IV
大安	IV	IV	IV	IV	IV
三岔河	IV	IV	IV	IV	IV

通过单因子评价发现，嫩江流域省界缓冲区 2011 年符合或优于III类水体的断面个数为 2 个，占参评断面个数的 18.18%；2012 年符合或优于III类水体的断面个数为 4 个，占参评断面个数的 36.36%；2013 年以外符合或优于III类水体的断面个数为 1 个，占参评断面总数的 9.10%；2014 年符合或优于III类水体的断面个数为 5 个，占参评断面个数的 45.45%；2015 年符合或优于III类水体的断面个数为 6 个，占参评断面总数的 54.55%。从变化趋势上看符合或优于III类水体的断面个数除 2013 年以外在总体上是增多的，2015 年符合或优于III类水体的断面个数占比超过一半。图 2-2 为符合或优于III类水体比例变化。

通过与检测数据对比发现，大部分超标指标为高锰酸盐指数（COD_{Mn}）和化学需氧量（COD），且一年中超标月数主要为 2～3 个月，其余月份均符合或优于III类水体标准，很显然这并不符合嫩江流域省界缓冲区实际水体类别、功能分区和水质现状。为了能够更好地分析评价嫩江流域省界缓冲区水质，先将超标的 COD_{Mn} 和 COD 去除，再单独分析 COD_{Mn} 和 COD。去除 COD_{Mn} 和 COD 后嫩江流域省界缓冲区水质类别如表 2-3 所示。

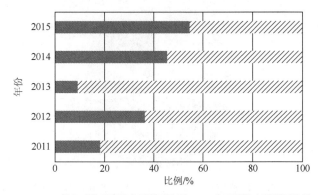

■ 符合或优于Ⅲ类水质断面比例　　╱ 劣于Ⅲ类水质断面比例

图 2-2　符合或优于Ⅲ类水体比例变化图

表 2-3　嫩江流域省界缓冲区去除 COD_{Mn} 和 COD 后年均水质类别

断面	2011 年	2012 年	2013 年	2014 年	2015 年
加西	Ⅱ	Ⅱ	Ⅲ	Ⅱ	Ⅱ
石灰窑	Ⅲ	Ⅲ	Ⅲ	Ⅱ	Ⅱ
繁荣新村	Ⅲ	Ⅲ	Ⅲ	Ⅲ	Ⅳ
小莫丁	Ⅲ	Ⅲ	Ⅲ	Ⅲ	Ⅱ
鄂温克族乡	Ⅲ	Ⅲ	Ⅲ	Ⅲ	Ⅲ
大河	Ⅳ	Ⅱ	劣 V	Ⅱ	Ⅱ
金蛇湾码头	Ⅲ	Ⅲ	Ⅳ	Ⅳ	Ⅲ
莫呼渡口	Ⅳ	Ⅲ	Ⅲ	Ⅲ	Ⅲ
两家子水文站	Ⅲ	Ⅳ	Ⅲ	Ⅳ	Ⅲ
大安	Ⅳ	Ⅳ	Ⅲ	Ⅲ	Ⅲ
三岔河	Ⅳ	Ⅳ	Ⅳ	Ⅳ	Ⅳ

根据表 2-3 可以发现，通过去除 COD_{Mn} 和 COD 两项指标后，2011 年嫩江流域省界缓冲区符合或优于Ⅲ类水体的断面个数为 7 个，占参评断面总数的 63.64%；2012 年符合或优于Ⅲ类水体的断面个数为 8 个，占参评断面总数的 72.73%；2013年符合或优于Ⅲ类水体的断面个数为 8 个，占参评断面总数的 72.73%；2014 年符合或优于Ⅲ类水体的断面个数为 8 个，占参评断面总数的 72.73%；2015 年符合或优于Ⅲ类水体的断面个数为 9 个，占参评断面总数的 81.82%。其中加西、石灰窑、小莫丁和鄂温克族乡 2011～2015 年全部符合或优于Ⅲ类水体标准；三岔河断面 2011～2015 年均低于Ⅲ类水体标准，属于Ⅳ类水。

2011～2015 年嫩江流域省界缓冲区重要断面水质类别（COD_{Mn}、COD 除外），Ⅲ类水质占 54.55%，Ⅱ类水质占 18.18%，Ⅳ类及以上较劣水质占 27.27%，水质状态良好，具体见图 2-3。

图 2-3　2011～2015 年嫩江流域省界缓冲区重要断面水质类别（COD$_{Mn}$、COD 除外）

　　嫩江流域省界缓冲区各个断面的水质情况不尽相同（图 2-4），其中加西、石灰窑、小莫丁、鄂温克族乡水质皆在Ⅲ类及其以下，水质状态良好，三岔河水质最差，都在Ⅳ类及其以上，其余断面水质有小部分占比是Ⅳ类水质及以上。

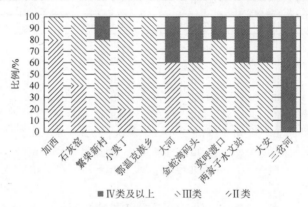

图 2-4　嫩江流域省界缓冲区重要断面水质类别比例图

　　根据对嫩江流域省界缓冲区重要断面进行单因子评价可知，在去除 COD$_{Mn}$ 和 COD 两项指标后，嫩江流域省界缓冲区重要断面的水质评价结果大为好转，所有年份和断面符合或优于Ⅲ类水体的断面数量超过 70%，符合或优于Ⅲ类水质的监测断面个数逐年增加，在 2015 年达到参评断面总数的 81.82%。说明嫩江流域省界缓冲区断面水质在"十二五"期间是有所好转的，常年的监测和治理有一定效果。从断面上下游位置关系来看，从上游至下游水质总体呈下降趋势，上游水质最好，加西、石灰窑、小莫丁和鄂温克族乡所有年份均达标；其次是中游断面，达到Ⅲ类水体以上要求的年份占 60% 以上；下游三岔河断面水质最差，所有年份均属Ⅳ类水体。

　　然后对嫩江流域省界缓冲区 COD$_{Mn}$ 和 COD 两项指标进行单因子水质统计研究，结果如表 2-4、表 2-5 所示。

表 2-4　2011～2015 年嫩江流域省界缓冲区重要断面年均水质类别（COD$_{Mn}$）

（单位：mg/L）

断面	2011 年		2012 年		2013 年		2014 年		2015 年	
	均值	类别	均值	类别	均值	类别	均值	类别	均值	类别
加西	3.65	IV（8.40）	3.17	III（8.2）	4.7	IV（10.8）	2.93	III（6.0）	3.98	IV（9.6）
石灰窑	6.25	IV（12.7）	5.95	IV（8.90）	6.3	V（16.0）	4.65	III（8.40）	5.74	IV（10.7）
繁荣新村	6.06	IV（8.88）	5.52	IV（11.1）	7.1	V（12.1）	4.71	IV（7.56）	5.41	V（14.7）
小莫丁	5.44	IV（6.8）	5.11	IV（6.6）	7.7	V（33.6）	5.60	IV（8.8）	4.48	III（6.4）
鄂温克族	6.25	IV（10.0）	4.13	III（6.8）	6.1	IV（9.8）	5.79	IV（8.9）	4.81	IV（5.8）
大河	4.44	IV（11.9）	3.21	IV（7.2）	5.46	IV（9.8）	2.38	III（5.4）	2.99	III（5.5）
金蛇湾	2.78	III（4.96）	2.93	III（6.18）	3.72	IV（8.1）	3.21	III（4.88）	2.41	III（4.21）
莫呼渡口	5.34	IV（7.30）	4.45	III（6.3）	5.5	IV（9.1）	5.16	IV（6.7）	4.23	IV（5.8）
两家子水文站	2.96	III（5.50）	2.67	III（4.45）	3.03	III（5.0）	2.28	III（6.5）	2.62	III（5.9）
大安	4.96	IV（7.20）	4.46	III（5.56）	5.4	IV（6.7）	5.71	IV（7.88）	4.31	III（18.8）
三岔河	4.49	III（6.29）	4.78	III（7.92）	5.11	IV（7.3）	3.92	IV（10.4）	4.15	III（5.07）

注：括号内为最大检测值，余同

表 2-5　2011～2015 年嫩江流域省界缓冲区重要断面年均水质类别（COD）

（单位：mg/L）

断面	2011 年		2012 年		2013 年		2014 年		2015 年	
	均值	类别	均值	类别	均值	类别	均值	类别	均值	类别
加西	15.0	IV（28）	12.05	III（22.3）	15.6	IV（23.6）	14.7	III（18）	14.6	IV（29.9）
石灰窑	20.0	IV（28）	20.18	IV（30.0）	20.2	V（52.0）	16.09	III（21）	19.2	IV（30.0）
繁荣新村	23.7	IV（29.1）	23.37	IV（28.0）	26.8	V（36.2）	17.29	IV（23.5）	17.9	V（40.8）
小莫丁	20.6	IV（25.5）	21.09	IV（24.6）	24.6	IV（13.7）	18.93	IV（26.2）	5.81	III（24.2）
鄂温克族	20.2	IV（25.0）	13.51	III（19.0）	19.1	IV（26.8）	18.84	IV（25.9）	16.75	III（21.0）
大河	19.3	IV（39.5）	16.08	IV（25.7）	21.76	IV（29.1）	12.08	III（20）	11.92	III（21.0）
金蛇湾	15.1	IV（21.6）	14.08	III（21.5）	17.12	IV（26.7）	12.88	III（19）	10.98	III（17.8）
莫呼渡口	20.1	IV（29.0）	14.88	III（20.2）	16.7	IV（24.4）	17.63	IV（24.0）	15.17	IV（24.0）
两家子水文站	14.0	III（22）	11.9	III（22.0）	11.6	III（5.0）	12.48	III（19.7）	12.3	III（22.0）
大安	18.5	IV（25.4）	18.8	IV（25.5）	20.1	IV（25.0）	19.23	IV（28.6）	15.88	III（5.47）
三岔河	17.0	III（21.9）	17.3	III（21.5）	18.94	IV（22.9）	15.29	IV（25.9）	15.32	III（21.4）

通过基于 COD_{Mn} 的单因子评价对以上数据进行分析可以发现，2011 年Ⅲ类水体断面个数为 3 个，占比为 27.27%；2012 年Ⅲ类水体断面个数为 7 个，占比为 63.64%；2013 年Ⅲ类水体断面个数为 1 个，占比为 9.1%；2014 年Ⅲ类水体断面个数为 5 个，占比为 45.45%；2015 年Ⅲ类水体断面个数为 8 个，占比为 72.73%。基于 COD 的单因子评价对以上数据进行分析可以发现，2011 年Ⅲ类水体断面个数为 2 个，占比为 18.18%；2012 年Ⅲ类水体断面个数为 6 个，占比为 54.55%；2013 年Ⅲ类水体断面个数为 1 个，占比为 9.1%；2014 年Ⅲ类水体断面个数为 5 个，占比为 45.45%；2015 年Ⅲ类水体断面个数为 8 个，占比为 72.73%。

单因子评价法将每个单独的指标都作为一个独立的单元进行评价，不考虑不同指标间的相互联系性与不同指标对水环境作用影响大小，最后只把一个最差的指标作为指示水体水质类别的标准，显然这样并不科学合理。在中国现行的《地表水环境质量标准》（GB 3838—2002）中，COD_{Mn} 和 COD 已经作为基本评价项。事实上，COD_{Mn} 和 COD 主要是影响河流内的水生生物，当过量有机物进入水体后，会引起鱼类和其他水生生物死亡。当某个水体的 COD_{Mn} 和 COD 超过水体标准甚至达到Ⅴ类或劣Ⅴ类也不能简单地说该水体失去了环境功能。对水环境进行评价，所选取的评价方法要考虑不同因子对水体的不同影响范围，才能准确掌握水环境实际质量状况，需要寻找更合适的方法进行综合评价（高惠璇，2001）。

2.3　内梅罗污染指数法应用

2.3.1　断面选取

根据松花江流域省界缓冲区监测断面位置及所在流域的不同，以上下游相邻行政区界缓冲区和左右岸相邻行政区界缓冲区为依据进行区分，选择具有代表性的断面来对水质进行分析。所选择的五个断面为金蛇湾码头、两家子水文站、林海、松林、板子房，如图 2-5 所示。

通过对 2007～2014 年松花江流域省界缓冲区断面水质进行监测，发现符合或优于Ⅲ类水质的监测断面个数逐年增加，其中主要超标项目为 $NH_3\text{-}N$、COD_{Mn}、COD、TP。2007～2012 年监测断面个数变化幅度较小，基本稳定在 26 个左右。从 2013 年开始，该类断面个数明显增加，截止到 2014 年达到 47 个。2008 年符合或优于Ⅲ类水质标准的断面个数较 2007 年减少 4 个，但超标率在所调查年份中最大，高达 55.6%；2008 年和 2009 年该类断面个数趋于平稳，基本稳定在 12 个；从 2010 年开始，符合或优于Ⅲ类水质断面的个数随监测断面数的增加而逐年增加。

图 2-5　研究区水样采集点分布示意图

从变化趋势上看，2008～2012 年，符合或优于Ⅲ类水质的断面比例逐年增长，在 2013 年出现小幅下降后，2014 年再次增加。该类水质断面比例从 2007 年的 44.4%增加至 2014 年的 83.0%，并在 2012 年达到了最大值 92.2%。从超标率来看，从 2008 年开始断面超标率逐年降低，2012 年超标率仅为 7.8%，2013 年和 2014 年的超标率虽略有波动，但超标率增幅不大。

2.3.2　水质指标分析

对 2007～2014 年各监测断面水质指标进行分析发现，各监测断面 DO 年变异系数均较其他监测指标小，基本控制在 0.2 左右，这表明 DO 浓度变化幅度不大。BOD_5 年变异系数总体呈逐渐下降的趋势，其中金蛇湾码头和松林监测断面的下降趋势最为明显。除两家子水文站和板子房监测断面 COD_{Mn} 的年变异系数较小外，其余各断面变异系数均较大。就金蛇湾码头监测断面来说，2007 年和 2010 年变异系数均大于 0.9，COD_{Mn} 波动较大。而松林监测断面在 2008 年 COD_{Mn} 的最大值达到了最小值的 11 倍。林海监测断面只有在 2011 年和 2012 年变异系数较大，其余各年份均小于 0.5，其变化相对来说并不明显。COD 年变异系数在金蛇湾码头监测断面和两家子水文站监测断面较大，浓度变化相对明显，其余三个断面 COD 变异系数呈平稳或略有下降的趋势，除林海监测断面在 2008 年大于 0.5 外，其余均小于 0.5，这说明浓度变化幅度不大，随时间变化趋势不明显。各断面 NH_3-N 和 TP 变异系数均较大，2011 年板子房监测断面 NH_3-N 和 TP 质量浓度的最大值是最小值的近 20 倍。从总体上来讲，上述五个监测断面的水质情况随时间变化趋势比较明显。

　　利用 SPSS 软件对各监测断面的 DO、COD_{Mn}、COD、BOD_5、NH_3-N 和 TP 六个水质指标相邻年份的年内变化趋势进行相关性分析，发现在 2007~2008 年，DO 在金蛇湾码头监测断面显著相关，年内变化趋势基本一致。在两家子水文站监测断面上，COD_{Mn} 在 2012~2013 年和 2013~2014 年为显著相关，说明近两年的年内变化趋势基本一致，板子房监测断面在 2007~2008 年 NH_3-N 浓度表现为显著相关。

　　如图 2-6 所示 2007~2014 年松花江流域省界缓冲区各监测断面水质随着时间变化，水质状态有转好的趋势。其中，2008 年松花江流域省界缓冲区各监测断面的水质最差，近 60% 的水体劣于Ⅲ类水质，2012 年水质最好，仅有不足 10% 的水体劣于Ⅲ类水质。

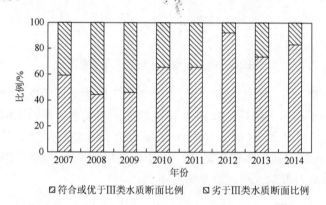

图 2-6　符合或优于Ⅲ类水质断面比例变化

1. 氨氮（NH_3-N）

　　氨氮（NH_3-N）是松花江流域缓冲区主要的超标因子，在水中以游离氨和铵离子形式存在，含量过高会导致水体富营养化，是水体中的主要耗氧污染物，对鱼类及某些水生生物具有毒害作用，其主要来源是生活污水中含氨氮有机物受微生物作用的分解产物，如工业工厂（焦化厂、合成氨化肥厂等）排放的废水。对以上五个省界监测断面 NH_3-N 年际质量浓度变化分析发现，各监测断面 NH_3-N 平均质量浓度均达到Ⅲ类水质标准，其中，金蛇湾码头与两家子水文站断面符合Ⅱ类水质标准，NH_3-N 质量浓度年均值分别为 0.47mg/L 和 0.28mg/L。从 2007~2014 年 NH_3-N 质量浓度整体变化来看，基本呈现逐年递减的趋势，虽然金蛇湾码头和两家子水文站断面 NH_3-N 质量浓度年际波动较大，且在部分年份中有增加的趋势，但均控制在 1.00mg/L 以内。对以上五个监测断面的 NH_3-N 质量浓度比较发现，两家子水文站监测断面的 NH_3-N 质量浓度最低，其年平均 NH_3-N 质量浓度范围是 0.20~0.36mg/L，在 2007~2014 年均达到Ⅱ类水质标准。金蛇湾码头断面与林海断面的年际平均值均达到Ⅲ类水质标准。松林和板子房断面的 NH$_3$-N 质量浓度整体偏高，前者在 2008 年和 2010 年尚未达到Ⅲ类水质标准，从 2010 年开始，NH$_3$-N 质量浓度逐年降低，2013 年年际平均值最低，为 0.60mg/L。板子房断面在 2007 年和 2008 年不符合Ⅲ类水质标准，2008 年 NH$_3$-N 质量浓度达 2.20mg/L，严重超标，从 2009 年开始，NH$_3$-N 质量浓度明显降低，基本符合或优于Ⅲ类水质标准，年平均质量浓度达到Ⅲ类水质要求。具体见图 2-7。

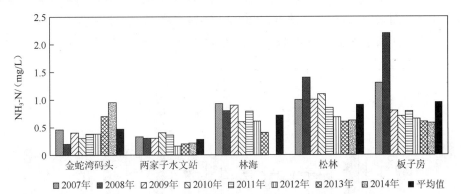

图 2-7 2007～2014 年主要省界监测断面 NH$_3$-N 质量浓度年际变化

2. 高锰酸盐指数（COD$_{Mn}$）

高锰酸盐指数（COD$_{Mn}$）是代表水样中可被高锰酸钾氧化的还原性物质（主要是有机污染物）的总量，反映水体中有机及无机可氧化物质的常用指标，COD$_{Mn}$ 越高，说明水体受到有机物污染的程度越严重。对上述五个监测断面 COD$_{Mn}$ 年际平均值分析发现，各断面均达到或优于Ⅲ类水质标准。其中，松林断面 COD$_{Mn}$ 年际平均值最高，为 5.49mg/L；两家子水文站断面最低，为 2.82mg/L，已达到Ⅱ类水质标准。从总体变化趋势来看，除两家子水文站断面变化幅度最小，变化范围在 2.67～3.00mg/L，符合Ⅱ类水质标准外，其余各断面 COD$_{Mn}$ 年际平均值变化波动较大，其中松林断面变化幅度最大，最大值为 9.80mg/L，从 2008 年开始逐年降低，并在 2013 年达到最低水平，仅为 4.40mg/L，已达到Ⅲ类水质标准。金蛇湾码头断面在 2011 年 COD$_{Mn}$ 最低，为 2.78mg/L，并从 2011 年开始逐年增加，在 2014 年达到最大值 6.82mg/L，不满足Ⅲ类水质标准，该断面 COD$_{Mn}$ 质量浓度亟须降低，否则会有有机物污染的危险，具体见图 2-8。

3. 总磷（TP）

总磷（TP）是水样经消解后将各种形态的磷转变成正磷酸盐，再对水体中的磷质量浓度进行测定所得的结果，常以每升水样含磷毫克数计量，主要的污染源有生活污水、化肥、有机磷农药以及洗涤剂所用的磷酸盐增洁剂。对以上五个断面近八年 TP 质量浓度的变化分析发现，松林断面 TP 质量浓度较高，年际平均值为 0.24mg/L，尚未达到Ⅲ类水质标准，其余各断面如板子房，虽 TP 质量浓度年际平均值波动较大，却均符合或优于Ⅲ类水质标准。板子房断面 TP 质量浓度波动幅度极大，除在 2008 年明显超标、2014 年略高于Ⅲ类水质标准外，其余各年份均符合或优于Ⅲ类水质标准。金蛇湾码头、两家子水文站和林海断面相对于另两个监测断面来说，TP 质量浓度在 2007～2014 年整体偏低，均符合Ⅲ类水质标准。其中，两家子水文站断面 TP 质量浓度达到Ⅱ类水质标准。

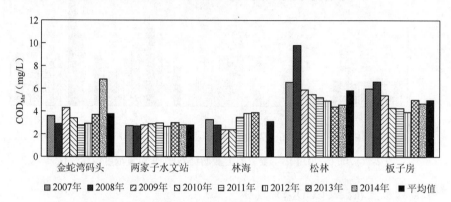

图 2-8 2007～2014 年主要省界监测断面 COD_{Mn} 年际变化

4. 上述指标在各断面的相关性和超标率

对五个断面的 NH_3-N、COD_{Mn}、TP 三个水质指标分析发现，各指标之间存在着一定的相关性，所反映的水质状况基本一致。两家子水文站断面 NH_3-N、COD_{Mn}、TP 的超标率最低，年际平均值均优于Ⅱ类水质标准，水质最好（图 2-9）。

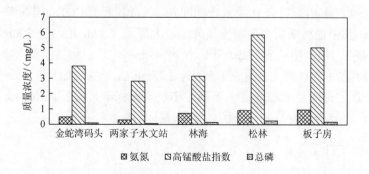

图 2-9 2007～2014 年主要省界监测断面氨氮、高锰酸盐指数和总磷质量浓度年际平均值

因地理位置和工业布局的不同，各断面的不同指标的超标率明显不同。其中，金蛇湾码头断面 COD_{Mn} 超标率较高，其次是 NH_3-N 和 TP，有机物污染较为严重。根据超标率的大小及各指标的年际平均值可以看出，金蛇湾码头断面水质状况较好。比较林海断面和板子房断面的三项指标发现，NH_3-N 超标率最高，其水质不利于水生生物的生长。松林断面各指标的超标率均较高，较其他断面来看，TP 超标率最高，水质状况较差。具体见图 2-10。

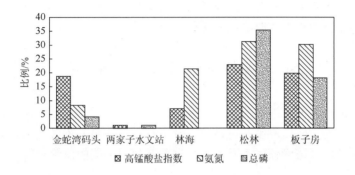

图 2-10 主要省界监测断面 NH_3-N、COD_{Mn} 和 TP 超标率分析

2.3.3 内梅罗污染指数变化分析

2007～2014 年松花江流域省界缓冲区上述主要监测断面内梅罗污染综合评价结果如图 2-11 所示。2007～2014 年，两家子水文站监测断面内梅罗污染指数均小于 0.70，与其他四个断面相比，污染指数和年际变化较小，全年水质最好。

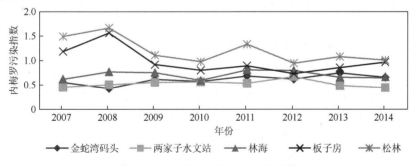

图 2-11 内梅罗污染综合评价结果

两家子水文站在 2007 年、2013 年、2014 年内梅罗污染指数较小，水质较好。2008～2011 年年际污染指数未有明显变化，均稳定在 0.50 左右。但在 2012 年污染指数增加显著，最大的超标因子为 BOD_5。金蛇湾码头监测断面内梅罗污染指数较两家子水文站监测断面略高，除 2013 年外，其余各调查年份均小于 0.70，水质相对较好。林海断面只在 2007 年、2010 年和 2013 年内梅罗污染指数小于 0.70，

在 2010 年最小，仅为 0.59，水质最好。板子房和松林断面内梅罗污染指数较大，均大于 0.70，年际变化较大。其中，板子房断面内梅罗污染指数在 0.73～1.56，2007 年、2009 年、2010 年、2012 年的最大超标因子为 COD，2008 年最大超标因子为 NH_3-N，在 2011 和 2014 年最大超标因子为 TP。除 2010 年和 2012 年外，松林断面内梅罗污染指数均大于 1.00，最大超标因子分别为 TP（2007 年、2011 年、2013 年、2014 年）、BOD_5（2008 年和 2009 年）。2009 年和 2011 年的内梅罗污染指数均大于 0.90，最大超标因子为 COD。除板子房和松林断面外，其他断面的内梅罗污染指数均没有明显的下降趋势。

2.4　省界缓冲区监管具体对策及建议

松花江流域省界缓冲区位于中国东北偏远地区，由于受地理位置的影响，具有交通不便、跨省级边界复杂等特点。随着松花江流域省界缓冲区监管工作的逐步开展，水功能区监管任务不断增加，需要制定更完善的监管对策。

1. 加强入河排污口监督管理

省界缓冲区水质监测结果和流域入河排污总量监测结果已成为考核流域各省水污染防治成绩的重要依据。入河排污口污染物总量控制的基础性工作是对省界缓冲区纳污能力进行核定，这是"三条红线"实施的首要前提。因此，在加大省界缓冲区入河排污口水质监测力度的同时，还要加大入河排污口管理宣传和政务公开力度，完善排污口普查登记制度，全面开展入河排污口的审批与监督管理工作。

2. 完善省界缓冲区评价考核指标体系

进一步完善省界缓冲区限制纳污红线监管制度建设，有效遏制流域水污染事件的发生，尽快建立省界缓冲区监管考核指标体系。努力协调好省界缓冲区和流域大系统水资源保护考核工作的关系，在理清松花江流域省界缓冲区现有管理模式和运行机制的基础上，推进评价考核指标体系的建立，以更好地支撑最严格的松花江流域水资源保护制度工作的落实。只有抓住考核指标体系建设这个关键点，发挥其以点带线、以线带面的作用，才能全面提升省界缓冲区监督管理工作。

3. 提高水污染事件应急监控能力

松花江流域省界缓冲区特殊的地理位置，决定了水污染事件应急管理成为该水功能区管理中重要和核心的环节。进一步研究松花江流域省界缓冲区纳污能力的影响因素，分区域建立适宜的计算模型或方法，分时段采用不同的计算方法，不断提高纳污能力计算结果的准确性，为水功能区管理提供科学依据。积极建立水污染事件的应急预案体系，重点对松花江流域省界缓冲区沿岸潜在的有毒有害污染源进行调查，绘制污染源分布图并建立污染源档案，对突发性有机废水采用人工治理法、物理法、化学法、物化法及生物法等，加强对危险污染源管理。不断提高应急监控技术，制订适合该水功能区的监测设备配备方案及监测方案，尽量避免和减少因水污染事件造成损失。

4. 提高水环境生态监测水平

省界水体水环境生态监测工作是流域机构的最基本职责，应具备较好的实验设施基础。强化水环境生态监测和信息管理能力建设是松花江流域省界缓冲区管理工作的中心，解决水资源保护的信息不对称问题是当前工作的重点。就目前来讲，主要任务是逐渐完善水质监测的全覆盖，研究、制订并实施更完整的水环境生态监测方案，提高水环境生态监测能力，建立松花江流域省界缓冲区水质、水量和水环境生态监测与报告工作体系，全面掌握这一水功能区水质、水量及水环境生态变化情况。

2.5　本 章 小 结

目前，流域水质评价采用的较为基本、重要、广泛的方法依然是单因子评价法与污染指数法（包括罗斯指数、内梅罗污染指数等）。尽管单因子评价法与污染指数法存在着一定的缺点，但它们具有方法简单、易学易懂、操作性强等优点，依然具有普遍性的应用价值。水行政管理可以采用单因子评价法与污染指数法对流域重要水功能区进行评价与管理。

第3章 主成分分析法与因子分析法

主成分分析法与因子分析法均是降维的分析方法。在水质评价中指标众多，指标之间并不是完全独立的，相互之间存在一定的相关性，这使得我们在水质评价工作中信息重叠与冗余，而主成分分析法与因子分析法不仅能在一定程度上减少指标数量，而且筛选出的水质指标两两之间不相关。这样就能在保证信息量损失最小的情况下简化计算，提高评价结果的可信度，筛选出重要的水质指标，提出次要的水质指标（秦寿康，2003）。

3.1 主成分分析法简介

主成分分析法是数理统计方法的一种，是数理统计的一种重要手段，其计算量较大，必须借助计算机软件。软件 SPSS 中自带的主成分计算模块操作简单，MATLAB 软件中也带有与主成分计算相关的函数（万金保等，2009）。主成分分析的步骤如下。

（1）计算相关系数矩阵或相关性矩阵，检验待分析的变量是否适合进行主成分分析，关系数越大，越适合。

（2）求协方差矩阵的特征值及其对应的标准化特征向量。

（3）确定主成分个数，利用特征值的大小进行排序。

3.2 SPSS 软件及其使用方法

SPSS 全称为 Statistical Product and Service Solutions，即统计产品与服务解决方案，是世界上应用最广泛的专业统计软件，由美国斯坦福大学的三位研究生研制开发，最早称社会科学统计软件包，后改名为统计产品与服务解决方案。该统计软件主要应用于企事业单位，随着软件系统的不断升级，逐渐应用于自然科学、技术科学、社会科学等各个领域。现阶段开发的新版本功能更加强大，集数据整理、计算、分析于一身，主要功能包括数据管理、统计分析、图表分析、输出管理等，软件为数据自动处理系统，用户可根据实际工作需要选择相应的功能模块。

　　SPSS 21.0 的编程步骤键位简单，具有完美的图形处理能力，运用类似的表格方式输入与管理数据，强大的数据对接功能能方便地从其他数据库读入数据；能用二维图和感知图来清晰地更完整方便地分析出数据间的关系，通过类似传统的回归分析、主成分分析及典型相关分析的分析方法处理分类数据及定序数据。SPSS 21.0 简单易学，分析结果具有清晰、直观的优点。

　　使用 SPSS 21.0 中文版进行因子分析的步骤简述如下（杜强，2014）。

　　（1）导入分析的变量数据。

　　（2）选用分析（Analyze）→降维（Data Reduction）→因子分析（Factor）。

　　（3）提取公因子的方法（Method）：主成分分析法，抽取，可选提取特征值大于 1 的因子；输出选项部分勾选未旋转的因子解和碎石图（图 3-1）。

　　（4）旋转（Rotation）的方法：方差最大正交旋转；输出部分勾选旋转解和载荷图（图 3-2）。

　　（5）因子得分（Factor Scores）：作为新变量存入。

图 3-1　SPSS 21.0 因子分析抽取示意图

图 3-2　SPSS21.0 因子分析旋转示意图

3.3　主成分分析法在松花江流域省界缓冲区管理中的应用

松花江流域省界缓冲区是国家水质治理和水资源管理的重点流域，经济快速增长导致该流域水环境压力越来越大，因此相关学者提出了对松花江流域省界缓冲区水质指标进行优化的观点。《地表水环境质量标准》（GB 3838—2002）中规定的水质监测指标共 109 项，如果每项均监测，增大工作量的同时，也会降低主要污染物对环境的主导作用。因此十分有必要对该标准中规定的监测指标进行优化筛选，最终确定的监测指标必须可以全面地、较为准确地反映松花江流域省界缓冲区的水质特征。利用主成分分析法进行指标筛选，最大的优点是简化水质监测指标，筛选出最具代表性的指标。

在对水质监测指标进行优化前，需详细调查并掌握松花江流域省界缓冲区内污染源并结合省界区内自然和社会环境特点，对水质监测工作中要求的必测指标进行全面长期监测，根据相关的监测数据来对水质监测指标进行优化。需要强调的是，在对水质监测指标进行优化时要依据污染物的来源及性质，满足指标选择的合理性，对危害程度大和影响范围广的进行重点监测，同时要考虑随时空改变而变化较大的污染物等因素，使监测结果具有全面性、准确性、科学性，为明确水环境质量现状和变化趋势提供数据支持。

水利部对 2015 年松花江流域省界缓冲区水质监测数据进行分析，将监测指标划分为必测项目、优化频率必测项目和选测项目等类型。如化学需氧量、氨氮是造成水质恶化的重要污染物，国家将这两项列为重点监控的污染物，因此，水体中的化学需氧量、氨氮是水质监测的必测项目。有些监测指标受周围环境影响较大，若不存在石油泄漏、工厂排污系统损坏等重大水质污染事故，数据监测结果均达到水质标准，对于这类项目，可列为优化频率必测项目。

考虑松花江流域省界缓冲区主要的污染源为生活污水、工业废水和动植物腐烂分解后随降雨流入水体、农用化肥的流失及雨水径流等。主要污染途径分别为生活污水排放、工业废水排放与径流补给这三类。经过简单的筛选后得到 13 项常规理化指标，之后选用 2015 年松花江流域省界缓冲区 51 个监测断面的 13 项常规理化指标（pH、溶解氧、高锰酸盐指数、化学需氧量、五日生化需氧量、氨氮、总磷、铜、锌、氟化物、硒、砷、粪大肠菌群）的监测数据作为元数据，利用 SPSS 21.0 软件对水体监测指标进行主成分分析，对水质指标进行进一步筛选。通过计算和模拟，确定松花江流域省界缓冲区可以考虑用铜、硒、化学需氧量、五日生化需氧量、氨氮、总磷和砷 7 项水质监测指标来代表该流域水质状况，从而实现对松花江流域省界缓冲区水质监测指标的优化。

3.3.1　监测数据标准化处理

由于不同的水质监测指标的量纲和单位数量级以及浓度在尺度上存在一定的差异，为消除这一差异所造成的影响，需对元数据进行标准化处理。数据的标准化处理过程是将同一指标的监测数据减去其均值后，所得结果除以该组监测数据的标准差来实现（高成康和尚金城，2004）。

用 SPSS 软件分析后得出的原始变量的描述性结果输出中包含原始变量的统计结果，即平均值、标准差和分析样本个数。51 个监测断面中的 pH、溶解氧、高锰酸盐指数等 13 个水质指标的监测数据结果如表 3-1 所示。

表 3-1　描述统计量

指标	平均值	标准差	分析样本个数 N
pH	7.682 352 9	0.342 172 99	51
溶解氧	7.858 823 5mg/L	1.350 877 71	51
高锰酸盐指数	4.721 176 5mg/L	1.384 669 85	51
化学需氧量	16.850 980 4mg/L	4.743 811 66	51
五日生化需氧量	2.219 607 8mg/L	0.965 405 53	51
氨氮	0.385 294 1mg/L	0.370 747 10	51
总磷	0.068 823 5mg/L	0.071 320 32	51
铜	0.016 000 0mg/L	0.020 034 969	51
锌	0.032 784 3mg/L	0.023 313 78	51
氟化物	0.291 960 78mg/L	0.177 234 529	51
硒	0.000 445 1mg/L	0.000 305 24	51
砷	0.000 924 51mg/L	0.001 056 307	51
粪大肠菌群	3 181.568 627 45	6 716.207 969 546	51

从表 3-2 相关系数矩阵中可以看出，大部分相关系数均大于 0.3，表明上述数据中各变量之间存在着较强的直接相关性，这证明各指标之间所传达的信息具有一定的重叠，上述指标中至少与其中一个其他的指标之间存在较大相关性。

表 3-2　相关系数矩阵

指标	pH	溶解氧	高锰酸盐指数	化学需氧量	五日生化需氧量	氨氮	总磷	铜	锌	氟化物	硒	砷	粪大肠菌群
pH	1.000												
溶解氧	-0.032	1.000											
高锰酸盐指数	0.026	-0.352	1.000										
化学需氧量	0.032	-0.504	0.814	1.000									

续表

指标	pH	溶解氧	高锰酸盐指数	化学需氧量	五日生化需氧量	氨氮	总磷	铜	锌	氟化物	硒	砷	粪大肠菌群
五日生化需氧量	0.145	-0.116	0.322	0.339	1.000								
氨氮	-0.170	-0.371	0.543	0.376	0.760	1.000							
总磷	-0.353	-0.007	0.373	0.412	0.512	0.691	1.000						
铜	0.027	-0.249	0.210	0.196	0.020	-0.107	-0.127	1.000					
锌	0.424	-0.423	0.052	0.120	-0.253	-0.158	-0.531	0.372	1.000				
氟化物	0.378	-0.367	0.084	0.256	0.181	0.076	-0.003	0.048	0.410	1.000			
硒	0.581	-0.297	-0.022	0.154	-0.139	-0.294	-0.432	0.144	0.407	0.686	1.000		
砷	0.012	-0.001	0.040	0.283	0.091	-0.001	0.038	-0.025	-0.333	0.373	0.196	1.000	
粪大肠菌群	0.384	-0.033	-0.013	0.039	-0.087	-0.155	-0.180	-0.039	0.139	0.372	0.721	0.021	1.000

3.3.2　检验是否符合主成分分析条件

在用 SPSS 做主成分分析时，通常需要对所收集的数据做 KMO（Kaiser-Meyer-Olkin）检验和 Bartlett's 球型检验来判断元数据是否符合主成分分析条件。KMO统计量是通过比较各变量间简单相关系数和偏相关系数的大小来判断变量间的相关性，取值范围在 0 和 1 之间。Kaiser 给出了常用的 KMO 度量标准：一般情况下，KMO 越接近 1，意味着变量间的相关性越强，表明该组数据越适合进行主成分分析；当 KMO<0.5 时，则不适合做主成分分析。

巴特利球形检验（Bartlett test of sphericity）用于检验相关阵是否为单位阵，即各变量是否独立，以变量的相关系数矩阵为出发点做出零假设：相关系数矩阵是一个单位阵。如果巴特利球形检验的数值较大，且对应的相伴概率值小于用户给定的显著性水平，则应该拒绝零假设；反之，则不能拒绝零假设，认为相关系数矩阵可能是一个单位阵，不适合做因子分析。若假设不能被否定，则说明这些变量间可能各自独立提供一些信息，缺少公因子，适合做主成分分析。

3.3.3　特征根及方差贡献

特征值大小表征矩阵正交化之后所对应特征向量对整个矩阵的贡献程度，在某种程度上可以理解为主成分影响力度大小的指标，若特征值小于 1，说明该主成分的解释力度还不如直接引入原变量的平均解释力度大，因此，一般可以用特征值大于 1 作为纳入标准。累积贡献率即因子对原始变量的解释程度。由表 3-3 可知，通过主成分分析法提取 4 个主要成分，即 $m=4$。其中主成分 1 的贡献率为 27.330%，主成分 2 的贡献率为 18.945%，主成分 3 的贡献率为 18.944%，主成分

4 的贡献率为 11.344%，主成分 1～4 的累计方差贡献率达到了 76.563%，表明这 4 个主成分可完全代替原 13 项指标。

表 3-3　解释的总方差

主成分	初始特征值			提取平方和载入			旋转平方和载入		
	合计	方差/%	累积/%	合计	方差/%	累积/%	合计	方差/%	累积/%
1	4.037	31.052	31.052	4.037	31.052	31.052	3.553	27.330	27.330
2	3.105	23.888	54.940	3.105	23.888	54.940	2.463	18.945	46.275
3	1.613	12.408	67.348	1.613	12.408	67.348	2.463	18.944	65.219
4	1.198	9.215	76.563	1.198	9.215	76.563	1.475	11.343	76.563
5	0.842	6.477	83.040						
6	0.807	6.210	89.250						
7	0.370	2.844	92.094						
8	0.314	2.412	94.507						
9	0.250	1.926	96.433						
10	0.156	1.201	97.634						
11	0.140	1.074	98.708						
12	0.093	0.712	99.420						
13	0.075	0.580	100.000						

3.3.4　主成分负荷及主成分得分

表 3-4 是最终的成分矩阵，对应前面的主成分分析的数学模型部分，可得到如下模型：

$$X = AF + a\varepsilon$$

表 3-4　成分矩阵

指标	主成分			
	1	2	3	4
硒	0.940	—	0.187	—
铜	0.912	—	—	—
氟化物	0.679	0.354	0.352	—
pH	0.660	—	—	0.420
粪大肠菌群	0.641	—	0.288	0.209
氨氮	−0.314	0.838	—	0.262
高锰酸盐指数	—	0.773	−0.309	−0.142
化学需氧量	0.243	0.723	−0.260	−0.448
五日生化需氧量	−0.176	0.654	0.291	0.495
总磷	−0.547	0.593	0.297	0.199
溶解氧	−0.406	−0.546	0.440	—
锌	0.576	−0.108	−0.673	0.179
砷	0.167	0.240	0.610	−0.602

注：提取方法为主成分分析法

　　按照前面设定的方差极大法对因子载荷矩阵旋转后的结果如表 3-5 所示。主成分载荷矩阵每一列载荷值都显示了各个变量与有关主成分的相关系数，相关系数的绝对值越接近 1，表明该成分越具有代表主成分的性质。未经过旋转的载荷矩阵中，因子变量在许多变量上都有较高的载荷。经过旋转之后，可以看出主成分 1 上铜、硒载荷较大，即与主成分 1 的相关系数高，主成分 2 上只有 COD 占有较高的载荷，而在主成分 3 上，BOD_5、氨氮和总磷三个指标所占的载荷较高，主成分 4 同样也只有一个指标，砷所占的载荷较大，因此，砷同样作为主成分 4 来反映水质情况。因此，提取以上 4 个主成分是可以基本反映全部指标的信息，所以为了实现水质监测指标的优化，可以考虑用铜、硒、COD、BOD_5、氨氮、TP 和砷 7 项水质监测指标来代表原来的 13 项水质指标。

表 3-5　旋转成分矩阵

指标	主成分			
	1	2	3	4
硒	0.911	0.141	−0.253	—
铜	0.860	0.243	−0.225	—
氟化物	0.755	0.236	0.124	0.264
pH	0.734	—	—	−0.275
粪大肠菌群	0.726	−0.100	—	—
化学需氧量	—	0.890	—	0.224
高锰酸盐指数	—	0.779	0.324	—
溶解氧	−0.238	−0.757	—	0.184
五日生化需氧量	0.124	—	0.876	—
氨氮	−0.162	0.442	0.804	—
总磷	−0.296	—	0.803	0.211
砷	0.197	0.133	—	0.873
锌	0.342	0.347	−0.402	−0.655

注：旋转法为具有 Kaiser 标准化的正交旋转法

3.4　因子分析法简介

　　因子分析是一种多元数学统计方法，分析多个变量间的关系。因子分析的核心思想是降维，是把多组向量转化为几个具有代表性的综合指标的多元统计方法，这几个综合指标可以反映整体数据的大部分内容，简化的新因子具有解释原始向量的主要信息，从而更准确地显示出原数据特征的性质。因子分析是主成分分析的推广和深化。因子分析有以下 4 个特点。

　　（1）通过因子分析得出的公共因子个数少于原有参数变量个数，所以因子分析能够简化分析难度，减少运算量。

（2）公共因子通过原有参数的线性相关性进行重组，因此能够解释原有参数的大部分信息。

（3）各个公因子之间相关性非常小，能够对不同公因子进行特性分析。

（4）可以对公因子进行命名方便进行公因子解释。

3.5　因子分析的使用方法

因子分析一般步骤如下。

设有 n 个样品，每个样品有 P 个观测值，将原始数据写成矩阵 $\{x_{ij}\} = [x_{i1}, x_{i2}, \cdots, x_{im}]$。

（1）将原始数据标准化。

$$y_{ij} = \frac{x_{ij} - \min(x_{ij})}{\max(x_{ij}) - \min(x_{ij})} \tag{3-1}$$

（2）建立变量的相关矩阵 $\boldsymbol{R}$，对 $\boldsymbol{R}$ 进行主成分分析。

（3）求 $\boldsymbol{R}$ 的特征根 $\lambda_1 \geqslant \lambda_2 \geqslant \lambda_3 \geqslant \cdots \geqslant \lambda_m \geqslant 0$ 以及相应的特征向量 $a_1, a_2, \cdots, a_m$，特征向量之间标准正交，确定 m 有两种方法，可以根据特征值的大小确定，一般取大于 1 的特征值，也可以用累计方差贡献率 Q 来确定 m，一般累计方差贡献率应在 80.000% 以上。

（4）求 m 个公共因子的载荷矩阵 $\boldsymbol{A}$。

$$\boldsymbol{A} = \begin{bmatrix} a_{11}, a_{12}, \cdots, a_{1m} \\ a_{21}, a_{22}, \cdots, a_{2m} \\ \vdots \\ a_{p1}, a_{p2}, \cdots, a_{pm} \end{bmatrix} = \begin{bmatrix} u_{11}\sqrt{\lambda_1}, u_{12}\sqrt{\lambda_2}, \cdots, u_{1m}\sqrt{\lambda_m} \\ u_{21}\sqrt{\lambda_1}, u_{22}\sqrt{\lambda_2}, \cdots, u_{2m}\sqrt{\lambda_m} \\ \vdots \\ u_{p1}\sqrt{\lambda_1}, u_{p2}\sqrt{\lambda_2}, \cdots, u_{pm}\sqrt{\lambda_m} \end{bmatrix} \tag{3-2}$$

即 $\boldsymbol{A} = \left[a_{ij}\right]_{p \times m} = \left[u_{ij}\right]_{p \times m}$，一般进行分析时，为了减少各个公共因子上的最高载荷变量数目，经常对载荷矩阵进行极大化旋转，这样在观察公共因子时能够减少阻碍，从而方便解释其含义。

（5）计算各公共因子的得分 F_j。方法是将因子变量表示成原有变量的线性组合，即

$$\begin{cases} F_1 = b_{11}x_1 + b_{21}x_2 + \cdots + b_{p1}x_p \\ F_2 = b_{12}x_2 + b_{22}x_2 + \cdots + b_{p2}x_p \\ \vdots \\ F_m = b_{1m}x_m + b_{2m}x_m + \cdots + b_{pm}x_p \end{cases} \tag{3-3}$$

式中，$x_1, x_2, \cdots, x_p$ 为 p 个原有变量的取值；$b_{1m}, b_{2m}, \cdots, b_{pm}$ 表示第 m 个因子变量的回归系数。

因子变量确定后，就可以计算每一个样本的 m 个公共因子得分。

（6）计算综合评价指标并排序。

3.6　因子分析法在嫩江流域省界缓冲区水质分析的应用

3.6.1　2011 年嫩江流域省界缓冲区重要断面因子分析

本节利用 SPSS 软件对嫩江流域省界缓冲区 2011 年重要断面水质监测数据进行因子分析。表 3-6 是因子分析的初始结果。第一列是 8 个监测数据项；第二列是初始变量共同度，由于每个原始变量的所有方差都可以用公因子变量进行解释，所以每个初始变量的共同度都为 1；第三列是根据公因子分析最终解释计算出的变量共同度，即提取后的变量共同度。根据最终提取的各特征值和对应的特征向量计算出公因子载荷阵。

表 3-6　公因子方差

监测数据项	初始	提取
溶解氧	1.000	0.954
高锰酸盐指数	1.000	0.906
化学需氧量	1.000	0.945
五日生化需氧量	1.000	0.773
氨氮	1.000	0.910
总磷	1.000	0.910
砷	1.000	0.933
氟化物	1.000	0.840

表 3-7 是 2011 年嫩江流域省界缓冲区重要断面水质监测因子分析后公因子提取和公因子旋转的结果，该表描述了因子分析初始解对原始变量总体描述情况。初始特征值这一列显示公因子变量在总变量中的重要程度，表中公因子 1 描述的方差为 48.028%，公因子 2 描述的方差为 27.745%，公因子 3 描述的方差为 13.876%，前三个公因子可以描述总计 89.649%的方差；提取平方和载入这一列是提取三个公因子后对原始变量的描述情况，所以前三个公因子反映了原始变量89.649%的信息；旋转平方和载入这一列是旋转后得到公因子对原始变量的描述情况（彭祖增和孙韫玉，2002）。

表 3-7　解释的总方差

公因子	初始特征值			提取平方和载入			旋转平方和载入		
	合计	方差/%	累积/%	合计	方差/%	累积/%	合计	方差/%	累积/%
1	3.842	48.028	48.028	3.842	48.028	48.028	3.701	46.257	46.257
2	2.220	27.745	75.774	2.220	27.745	75.774	2.304	28.805	75.062
3	1.110	13.876	89.649	1.110	13.876	89.649	1.167	14.587	89.649
4	0.435	5.435	95.085						
5	0.265	3.307	98.391						
6	0.083	1.043	99.435						
7	0.040	0.498	99.933						
8	0.005	0.067	100.000						

　　图3-3是公因子碎石图，碎石图的横坐标是公因子，纵坐标为公因子的特征值。由该图可以看出前三个公因子的特征值均大于1，且特征值变化明显，后面的公因子特征值变化趋于平稳。因此提取三个公因子就可以解释原始变量的大部分信息。

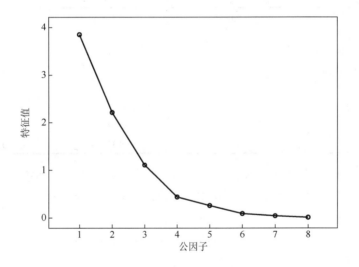

图 3-3　碎石图

　　表 3-8 和表 3-9 是公因子载荷矩阵和旋转公因子载荷矩阵，即成分矩阵和旋转成分矩阵。由于在公因子载荷矩阵中一些公因子变量在很多公因子中都有较大的载荷，不利于结果分析，所以需要利用最大方差法进行旋转得到旋转成分矩阵，在旋转后每一个变量的载荷在不同公因子中方差差异更大，这样利于解释分类，一般选择方差绝对值大于 0.7 的公因子。在 2011 年的嫩江流域省界缓冲区重要断面的因子分析中，公因子 1 的变量参数为五日生化需氧量、氨氮、总磷砷和氟化物，公因子 2 变量为高锰酸盐指数和化学需氧量，公因子 3 为溶解氧。

表 3-8　公因子载荷矩阵

指标	公因子		
	1	2	3
溶解氧	0.207	−0.135	0.945
高锰酸盐指数	−0.304	0.892	−0.134
化学需氧量	−0.198	0.929	0.209
五日生化需氧量	0.839	0.045	0.258
氨氮	0.821	0.480	−0.076
总磷	0.832	0.468	−0.020
砷	0.883	−0.289	−0.265
氟化物	0.905	−0.092	−0.109

表 3-9　旋转公因子载荷矩阵

指标	公因子		
	1	2	3
溶解氧	0.066	−0.064	0.973
高锰酸盐指数	−0.042	0.916	−0.256
化学需氧量	0.034	0.967	0.094
五日生化需氧量	0.790	−0.135	0.361
氨氮	0.921	0.246	−0.012
总磷	0.923	0.238	0.046
砷	0.798	−0.531	−0.119
氟化物	0.855	−0.328	0.020

由表 3-10 可以得到公因子得分。公因子得分作为新变量 FAC1_1、FAC2_2 和 FAC3_3，在 SPSS 数据编辑窗口中可以查到，具体见图 3-4。

表 3-10　公因子得分系数矩阵

指标	公因子		
	1	2	3
溶解氧	−0.052	0.034	0.853
高锰酸盐指数	0.043	0.391	−0.167
化学需氧量	0.042	0.438	0.140
五日生化需氧量	0.191	−0.007	0.256
氨氮	0.269	0.146	−0.060
总磷	0.265	0.146	−0.009
砷	0.211	−0.212	−0.194
氟化物	0.225	−0.111	−0.062

	指数	化学需氧量	五日生化需氧量	氨氮	总磷	砷	氟化物	FAC1_1	FAC2_1	FAC3_1
1	3.65	15.00	1.82	.19	.08	.0013	.10	-1.75901	-.59033	-.28760
2	6.25	20.00	1.46	.26	.09	.0014	.16	-1.42348	.76672	.03311
3	6.06	23.71	2.29	.55	.16	.0018	.24	-.07474	1.18625	.90148
4	5.44	20.63	2.14	.40	.15	.0019	.22	-.39395	.48875	.34340
5	6.25	20.16	2.25	.38	.18	.0018	.22	-.20111	.73154	-.98079
6	4.44	19.34	3.60	.74	.26	.0022	.27	1.15121	.28897	1.78639
7	2.78	15.07	2.24	.38	.15	.0022	.29	-.23398	-1.21051	1.39783
8	5.34	21.08	2.14	.66	.19	.0021	.26	.37314	.55611	-1.16309
9	2.96	10.00	2.57	.36	.12	.0029	.32	.18458	-2.23996	-.49079
10	5.11	18.53	2.61	.63	.20	.0025	.30	.80188	-.04655	-.99267
11	4.79	16.99	2.55	.96	.30	.0026	.31	1.57544	.06901	-.54727

图 3-4　公因子得分图

根据公因子得分可以计算出综合得分，综合得分是按照各个公因子方差所占的比例乘以各公因子得分再求和来计算的，综合得分越高说明断面污染越严重、水质越差。综合得分计算公式如下：

$$F = \frac{3.842}{3.842 + 2.220 + 1.110} \times FAC1\_1 + \frac{2.220}{3.842 + 2.220 + 1.110} \times FAC2\_1$$
$$+ \frac{1.110}{3.842 + 2.220 + 1.110} \times FAC3\_1$$

化简得

$$F = 0.536 \times FAC1\_1 + 0.310 \times FAC2\_1 + 0.155 \times FAC3\_1$$

因此，可以得到嫩江流域省界缓冲区 2011 年重要断面水质监测数据的模拟结果及排序（排名越高水质越差），具体见表 3-11。

表 3-11　公因子得分系数表

断面	FAC1_1	FAC2_1	FAC3_1	综合得分	排名
加西	-1.759 01	-0.590 33	-0.287 60	-1.170	11
石灰窑	-1.423 48	0.766 72	0.033 11	-0.520	9
繁荣新村	-0.074 74	1.186 25	0.901 48	0.467	3
小莫丁	-0.393 95	0.488 75	0.343 40	-0.006	6
鄂温克族乡	-0.201 11	0.731 54	-0.980 79	-0.033	7
大河	1.151 21	0.288 97	1.786 39	0.984	1
金蛇湾码头	-0.233 98	-1.210 51	1.397 83	-0.284	8
莫呼渡口	0.373 14	0.556 11	-1.163 09	0.192	5
两家子水文站	0.184 58	-2.239 96	-0.490 79	-0.672	10
大安	0.801 88	-0.046 55	-0.992 67	0.262	4
三岔河	1.575 44	0.069 01	-0.547 27	0.781	2

水质较好的断面依次为加西、两家子水文站、石灰窑和金蛇湾码头。其中加西和石灰窑地处嫩江流域省界缓冲区上游，加西在缓冲区源头，理应水质较好；两家子水文站和金蛇湾码头属于国家考核断面，当地对水环境控制要求会更严格。水质较差的断面为依次为大河、三岔河、繁荣新村和大安。大河和繁荣新村断面

位置临近齐齐哈尔市和嫩江县,所以受到工业点源污染和农业面源污染的概率大;三岔河和大安断面位于省界缓冲区下游,随着下游污染物不断累积,水质会相对较差,且三岔河断面临近吉林省松原市也是综合指数高的一个原因。可以看出,本次评价模拟结果有一定可信度且较为合理。

3.6.2 2013 年嫩江流域省界缓冲区重要断面因子分析

前面通过单因子评价法了解到 2013 年水质最差,符合或优于Ⅲ类水体的断面个数为 1 个,占参评断面总数的 9.10%。下面对 2013 年嫩江流域省界缓冲区重要断面进行因子分析,确定污染严重的断面。综合分析表 3-12 可知,前三个公因子反映了原始变量 88.411%的信息。公因子 1 的特征值为 3.833,公因子 2 的特征值为 1.869,公因子 3 的特征值为 1.371。

表 3-12 总解释方差

公因子	初始特征值			提取平方和载入			旋转平方和载入		
	合计	方差/%	累积/%	合计	方差/%	累积/%	合计	方差/%	累积/%
1	3.833	47.916	47.916	3.833	47.916	47.916	3.215	40.185	40.185
2	1.869	23.362	71.278	1.869	23.362	71.278	2.238	27.972	68.157
3	1.371	17.133	88.411	1.371	17.133	88.411	1.620	20.254	88.411
4	0.570	7.124	95.535						
5	0.168	2.097	97.632						
6	0.103	1.286	98.918						
7	0.058	0.723	99.641						
8	0.029	0.359	100.000						

表 3-13 是 2013 年嫩江流域省界缓冲区重要断面水质监测因子分析后公因子提取的结果,该表描述了因子分析初始解对原始变量总体描述情况。

表 3-13 公因子载荷矩阵

指标	公因子		
	1	2	3
溶解氧	0.676	0.514	0.247
高锰酸盐指数	0.841	−0.170	0.139
化学需氧量	0.912	0.107	0.219
五日生化需氧量	0.887	0.060	0.297
氨氮	0.162	0.384	−0.881
总磷	0.587	0.665	−0.396
砷	−0.625	0.671	0.260
氟化物	−0.537	0.722	0.391

通过观察表 3-14、表 3-15，发现溶解氧、总磷和砷在三个公因子上均有较高的载荷，所以导致公因子含义比较模糊。在经过旋转后得到旋转公因子载荷矩阵，每个公因子变量的含义更加清晰。公因子 1 为溶解氧、高锰酸盐指数、化学需氧量和五日生化需氧量，以上指标可以表征有机物的污染程度，这些物质与水体中生物的生命活动有密切关系，水体中的有机物主要来源于生活污水、畜牧污水及食品工业废水的排放；公因子 2 为砷和氟化物，砷和氟化物超标会严重影响水生生物的健康，导致水生生物中毒，水体中砷和氟化物的来源主要是玻璃、农药、纺织、化工和化肥等工业原材料添加和废料排放；公因子 3 为氨氮和总磷，氨氮是水体中的营养素，可导致水体富营养化现象发生，是水体中的主要耗氧污染物，对鱼类及某些水生生物有毒害作用。总磷也是水质监测中一项富营养化指标，氨氮和总磷在河流中的来源主要是农业面源污染、生活污水污染及含磷化合物的工业废水排放。

表 3-14　旋转公因子载荷矩阵

指标	公因子		
	1	2	3
溶解氧	0.840	0.182	0.210
高锰酸盐指数	0.724	−0.481	−0.024
化学需氧量	0.904	−0.264	0.071
五日生化需氧量	0.901	−0.260	−0.024
氨氮	−0.112	−0.108	0.963
总磷	0.541	0.099	0.800
砷	−0.217	0.928	0.003
氟化物	−0.072	0.976	−0.059

表 3-15　公因子得分系数矩阵

指标	公因子		
	1	2	3
溶解氧	0.311	0.204	0.033
高锰酸盐指数	0.202	−0.138	−0.085
化学需氧量	0.288	−0.007	−0.051
五日生化需氧量	0.298	−0.002	−0.112
氨氮	−0.169	−0.102	0.647
总磷	0.120	0.100	0.457
砷	0.051	0.435	−0.003
氟化物	0.119	0.482	−0.063

通过图 3-5 可以算出公因子得分系数表及排名，如表 3-16 所示。

*未标题2 [数据集1] - IBM SPSS Statistics 数据编辑器
文件(F) 编辑(E) 视图(V) 数据(D) 转换(T) 分析(A) 直销(M) 图形(G) 实用程序(U) 窗口(W) 帮助

	酸盐指数	化学需氧量	五日生化需氧量	氨氮	总磷	砷	氟化物	FAC1_1	FAC2_1	FAC3_1
1	4.70	15.60	1.80	.30	.03	.0032	.31	-.90223	.41894	-1.49666
2	6.30	20.20	2.00	.40	.10	.0009	.14	-.63864	-1.57354	-.65943
3	7.10	26.80	2.60	.39	.20	.0012	.16	1.56421	-.66047	-.11200
4	7.70	24.59	2.80	.34	.14	.0026	.23	1.33763	-.12590	-.94552
5	6.10	19.10	2.10	.60	.18	.0020	.18	-.42526	-.76476	.76290
6	5.46	21.76	2.30	.41	.21	.0039	.48	1.14244	2.08542	.07976
7	3.72	17.12	1.90	.66	.18	.0034	.33	-.81998	.77826	1.14041
8	5.50	16.70	1.80	.70	.19	.0026	.24	-.60917	-.02808	1.38156
9	3.03	11.60	1.70	.20	.08	.0030	.31	-1.23727	.70077	-1.30594
10	5.40	20.10	2.80	.50	.17	.0009	.13	.68704	-.92523	.22492
11	5.11	18.94	2.16	.63	.18	.0026	.24	-.09876	.09460	.93001

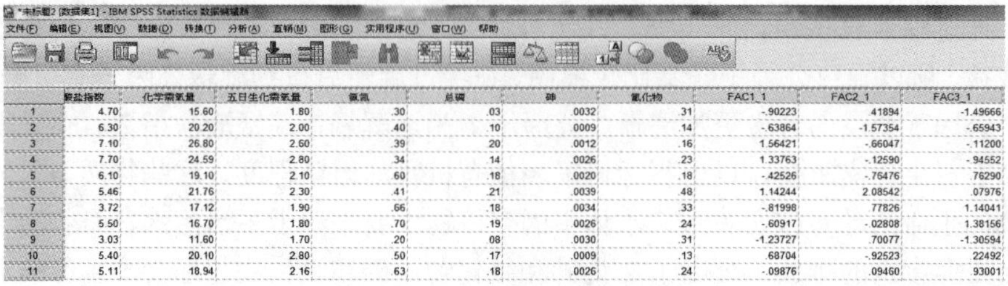

图 3-5　2013 年公因子得分

表 3-16　2013 年公因子得分系数表

断面	FAC1_1	FAC2_1	FAC3_1	综合得分	排名
加西	−0.902 23	0.418 94	−1.496 66	−0.668 76	9
石灰窑	−0.638 64	−1.573 54	−0.659 43	−0.889 49	11
繁荣新村	1.564 21	−0.660 47	−0.112	0.651 71	2
小莫丁	1.337 63	−0.125 9	−0.945 52	0.508 327	3
鄂温克族乡	−0.425 26	−0.764 76	0.762 9	−0.284 38	8
大河	1.142 44	2.085 42	0.079 76	1.185 227	1
金蛇湾码头	−0.819 98	0.778 26	1.140 41	−0.017 73	6
莫呼渡口	−0.609 17	−0.028 08	1.381 56	−0.069 56	7
两家子水文站	−1.237 27	0.700 77	−1.305 94	−0.738 95	10
大安	0.687 04	−0.925 23	0.224 92	0.141 749	5
三岔河	−0.098 76	0.094 6	0.930 01	0.171 868	4

上游断面加西、石灰窑、金蛇湾码头、两家子水文站污染情况依然相对较好，水质排名分别为 9、11、6、10。而大河、繁荣新村、三岔河、大安断面仍然污染情况相对较重，水质排名分别为 1、2、4、5。

图 3-6 为 2011 年和 2013 年嫩江流域省界缓冲区断面水质年份排名对比图，可以直观地看出所有断面水质污染情况在两年间变化不大。大河断面在两年间均属水质最差的断面，所以需要对大河断面进行进一步的分析。

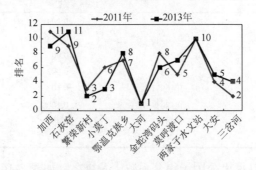

图 3-6　各断面水质年份排名对比图

3.6.3　2011～2015 年大河断面因子分析

通过因子分析可知，大河断面在嫩江流域省界缓冲区重要断面中污染最为严重，为了能够更加了解该断面的水质变化规律及污染情况，本节对 2011～2015 年大河断面水质监测数据进行因子分析，以了解大河断面污染情况随时间的变化规律。经过分析计算得出大河断面水质指标特征值和主成分贡献率及累积贡献率。由表 3-17 可知，公因子 1 的特征值为 5.106，方差为 63.823%。公因子 2 的特征值为 2.305，方差为 28.811%；共描述了原始数据 92.634%的信息量。

表 3-17　解释的总方差

公因子	初始特征值			提取平方和载入			旋转平方和载入		
	合计	方差/%	累积/%	合计	方差/%	累积/%	合计	方差/%	累积/%
1	5.106	63.823	63.823	5.106	63.823	63.823	4.596	57.456	57.456
2	2.305	28.811	92.634	2.305	28.811	92.634	2.814	35.178	92.634
3	0.538	6.727	99.361						
4	0.051	0.639	100.000						
5	1.003E-013	1.032E-013	100.000						
6	1.002E-013	1.020E-013	100.000						
7	-1.001E-013	-1.015E-013	100.000						
8	-1.002E-013	-1.027E-013	100.000						

表 3-18 为大河断面成分矩阵和旋转成分矩阵表，通过此表可知影响大河水质环境有两个公因子，公因子 1 包括的指标为溶解氧、高锰酸盐指数、化学需氧量、五日生化需氧量、氨氮和总磷；公因子 2 包括的指标为砷和氟化物。综合两个公因子可知，2011～2015 年对大河断面水质影响最大的是有机物污染和营养物质的富集。

表 3-18　公因子载荷矩阵及旋转公因子载荷矩阵表

指标	公因子载荷矩阵		旋转公因子载荷矩阵	
	公因子 1	公因子 2	公因子 1	公因子 2
溶解氧	0.849	-0.037	0.784	0.329
高锰酸盐指数	0.930	0.256	0.732	0.629
化学需氧量	0.957	0.078	0.832	0.479
五日生化需氧量	0.653	-0.684	0.882	-0.340
氨氮	0.840	-0.499	0.972	-0.093
总磷	0.980	-0.190	0.967	0.246
砷	0.290	0.956	-0.145	0.988
氟化物	0.655	0.752	0.271	0.960

通过表 3-19 和图 3-7 可以算出公因子得分系数及排名，大河断面公因子分析模拟结果及排序。

表 3-19　公因子得分系数矩阵

指标	公因子	
	1	2
溶解氧	0.157	0.057
高锰酸盐指数	0.117	0.178
化学需氧量	0.155	0.111
五日生化需氧量	0.242	−0.214
氨氮	0.241	−0.126
总磷	0.209	0.007
砷	−0.125	0.399
氟化物	−0.023	0.350

图 3-7　大河断面公因子得分

由表 3-20 可知，在 2011 年大河断面综合排名最高，除 2013 年外水污染程度有较大的反复外，大河断面水污染情况是有所好转的。

表 3-20　大河断面 2011～2015 年公因子得分系数表

年份	FAC1_1	FAC2_1	综合得分	排名
2011	1.433 83	−0.432 7	0.853 339 17	1
2012	0.087 07	−1.065 46	−0.271 366 83	3
2013	0.372 8	1.624 36	0.762 035 16	2
2014	−0.994 44	0.061 55	−0.666 027 11	4
2015	−0.899 26	−0.187 74	−0.677 977 28	5

3.6.4　大河断面污染情况综合分析

通过因子分析法可以发现嫩江流域省界缓冲区重要断面中污染最严重的是大

河断面，为了能够将分析方法与实际情况相结合并提出科学的建议，下面针对因子分析的结果对大河断面污染情况进行分析。

大河断面位于黑龙江省齐齐哈尔市甘南县甘南镇。甘南县是农牧大县，具有葵花、奶牛、生猪、玉米四大产业链条，年精品葵花种植面积在 70 万亩①以上，甘南县辖区奶牛存栏达到 8.5 万头，牧业规模养殖户发展到 3306 户，生猪出栏总量达到 21.2 万头。该县工业刚刚起步，具有食品、粮食加工、化工、纺织、机械制造、建材、民间工艺 7 个行业。通过分析可知，大河断面公因子 1 为溶解氧、高锰酸盐指数、化学需氧量和五日生化需氧量，以上指标为有机物污染综合指数，表示导致大河污染的主要污染类型是各类有机污染物超标排放。公因子 2 为砷和氟化物，表示大河断面的玻璃、农药、纺织、化工和化肥等工业生产对大河断面造成轻微影响。

3.7　本章小结

本章借助 SPSS 21.0 软件，通过主成分分析法与因子分析法，对松花江重要省界缓冲区水质监测指标进行优化。主成分分析与因子分析法筛选出重要的水质指标，提出次要的水质指标，能在一定程度上减少指标数量，而且筛选出的水质指标之间不相关，在保证信息量损失最小的情况下简化计算，提高评价结果的可信度，从而实现对松花江流域省界缓冲区监测指标优化的目的。

---

① 1 亩 $\approx$ 666.7m^2

第4章 层次分析法

层次分析法（AHP）是由美国著名运筹学家 T. L. Saaty 于 20 世纪 70 年代中期创立的。AHP 本质上是一种决策思维方式，它把复杂的问题分解为各个组成因素，将这些因素按支配关系分组形成有序的递阶层次结构。通过两两比较的方式确定层次中诸因素的相对重要性，然后综合判断决定诸因素相对重要性总的顺序。AHP 是将决策问题有关元素分解成目标、准则、方案等层次，在此基础上进行定性分析和定量分析的一种决策方法，把人的思维过程层次化、数量化，并运用数学计算为分析、决策、预报或控制提供定量的依据（张炳江，2014）。这一方法的特点是在深入分析复杂决策问题的本质、影响因素以及内在关系之后，构建一个层次结构模型，然后利用较少的定量信息，把决策的思维过程数学化，从而为求解多目标、多准则或无结构特性的复杂决策问题提供一种简便的水质评价与决策方法（Deng，2017）。

4.1 概　　述

本章选择 AHP 来确定指标权重，并在各类指标的权重确定过程中，广泛听取各方面意见，对不同的评价结果进行处理，以得到一个合理的综合结果。AHP 是一种常用的确定权重的方法，广泛应用于经济、管理、环境、社会等学科的评价与评估研究中，特别是应用在对目标对象进行综合评价的过程中。AHP 的基本原理是将要评价系统的有关替代方案的各个要素分解成若干层次，并以同一层次的各个要素按照上一层要素为准则，进行两两判断比较并计算各要素的权重。然后，通过层次单排序和层次总排序，根据最大综合权重原则确定最优方案（郝晓伟等，2012）。AHP 一般包括以下五步。

（1）明确问题，建立层次结构图。首先邀请专家对问题进行诊断，然后给出问题的层次分析结构图。

（2）构造判断矩阵。判断矩阵表示针对上一层次因素，本层次与之有关因素之间的相对重要性。构造判断矩阵一般自上而下地进行，一般为三至四层。假定上一层元素 B_k 作为准则，对下一层元素 $C_1, C_2, \cdots, C_n$ 有支配关系，然后在准则 B_k 下按它们的相对重要性赋予 $C_1, C_2, \cdots, C_n$ 相应的权重。构造的判断矩阵如表 4-1 所示。

表 4-1　**B-C判断矩阵**

B_K	C_1	C_2	...	C_n
C_1	C_{11}	C_{12}	...	C_{1n}
C_2	C_{21}	C_{22}	...	C_{2n}
$\vdots$	$\vdots$	$\vdots$	$\vdots$	$\vdots$
C_n	C_{n1}	C_{n2}	...	C_{nn}

矩阵中各元素为相对重要性标度，其含义见表 4-2。

表 4-2　**判断矩阵标度及其含义**

C_{ij}	含义
1	表示 i，j 两元素同等重要
3	表示 i 元素比 j 元素稍微重要
5	表示 i 元素比 j 元素明显重要
7	表示 i 元素比 j 元素强烈重要
9	表示 i 元素比 j 元素极端重要
2、4、6、8	表示上述相邻判断的中间值
倒数	若元素 i 与元素 j 的重要性之比为 a_{ij}，那么元素 j 与元素 i 重要性之比为 $a_{ji}=\dfrac{1}{a_{ij}}$

（3）判断矩阵的一致性检验。所谓判断思维的一致性是指在判断指标重要性时，各判断思维之间协调一致，不出现相互矛盾的结果。为了评价层次排序的有效性，还必须对判断矩阵的评定结果进行一致性检验。所谓一致性是对记分是否合理的一个评价指标。由于判断矩阵是专家凭借经验模糊量化的，做到完全一致性是不可能的，因此，就需要对构造的判断矩阵进行一致性检验。这种检验通常结合排序步骤进行。

在 AHP 中，用判断矩阵最大特征根以外的其余特征根的负平均值作为度量判断矩阵偏离一致性的指标。衡量不同阶判断矩阵是否具有一致性时，引入判断矩阵的平均随机一致性指标 RI 值。对于 1～9 阶判断矩阵，RI 的值见表 4-3。

表 4-3　**一致性检验表**

n	RI	n	RI	n	RI
1	0	4	0.90	7	1.32
2	0	5	1.12	8	1.41
3	0.58	6	1.24	9	1.45

对于 1、2 阶判断矩阵，RI 只是在形式上的，因为 1、2 阶判断矩阵总是具有完全一致性。当阶数大于 2 时，判断矩阵的一致性指标 CI 与同阶平均随机一致性指标 RI 之比称为一致性检验系数，记为 CR。当 CR<0.10 时，即认为判断矩阵具

有满意的一致性，否则需要调整判断矩阵，使之具有满意的一致性。

（4）层次单排序。计算出某层次因素相对于上一层次中某一因素的相对重要性，称为层次单排序。具体地说，层次单排序是指根据判断矩阵计算对上一层某元素而言本层次与之相连的元素重要性次序的权值。层次单排序计算问题可归结为计算判断矩阵的最大特征根及其特征向量的问题。

计算各判断矩阵的最大特征值 λ_{max}，需求解如下的特征方程：

$$AW = \lambda_{max}$$

式中，A 为判断矩阵；W 为对应于 λ_{max} 的特征向量，W 的各分量 W_i 就是对应于各准则或各指标的权重。计算判断矩阵的最大特征根及特征向量，一般不需要较高的精度，这是因为判断矩阵本身有相当的误差，本书采用的是 AHP 中的近似算法——方根法。

计算判断矩阵每一行元素的乘积 M_i：

$$M_i = \prod_{i=1}^{n} b_{ij}, \quad i = 1, 2, \cdots, n \tag{4-1}$$

计算判断矩阵每行的几何平均数：

$$\overline{w_i} = \sqrt[n]{M_i} \tag{4-2}$$

归一化，得到权向量 W_i，即为各因素的权重：

$$w_i = \frac{\overline{w_i}}{\sum_{i=1}^{n} \overline{w_i}} \tag{4-3}$$

计算判断矩阵的最大特征值 λ_{max}：

$$\lambda_{max} = \frac{1}{n} \sum_{i=1}^{n} \frac{(Aw)_i}{w_i} \tag{4-4}$$

式中，λ_{max} 是矩阵 A 的最大特征值；$(Aw)_i$ 是 AW 的第 i 个元素。

（5）层次总排序。层次总排序是指根据各层排序结果，推算最底层各因素对第一层问题的相对重要性排序。对于目标层（A）只有一个元素，所以准则层（B）层次单排序为层次总排序。而对于指标层（C）相对于整个准则层（B）总排序计算，需要用准则层（B）各元素本身相对于总目标（A）的排序权值加权综合，才能计算出指标层（C）相对于整个准则层（B），即相对于总目标（A）的相对重要性权值。各个层次指标的权重值可以根据上面的逐层排序得出，在这个过程中也需要进行一致性检验，当判断矩阵一致性检验系数 CR<1.0 时，认为层次总排序的结果是可以接受的，即为所求各个指标的权重值（Sun，2012）。

4.2　AHP 的指标体系构建原则

1. 客观性与科学性原则

生态风险评估结果必须科学严谨地对待。因此，要在科学指导之下，选择能够综合反映其生态风险的指标，要既能体现正面影响，又能反映负面影响。从而可以客观得出评价结果，为后续政策制定实施提供正确依据。

2. 层次性和针对性原则

指标体系应层次分明，应全面反映风险源本身及其对受体危害的主要特征和发展状况。指标的选取要有针对性，应能够为评价活动、评价目的服务，能够针对评估任务的要求为评估结果的判定提供依据，要能反映出流域的生态风险特征。

3. 代表性与可比性原则

在众多可以用来评价的统计指标中，应选择最有代表性的指标。整个指标体系可以用指数来反映，分类指标也可以用指数或用特征指标来反映。在选择和建立指标体系时，整个指标体系构成的指标，既要从水环境特征方面考虑，又要考虑流域发展面临的风险及其矛盾。

4. 可操作与可行性原则

面对众多指标，应遵守可操作性原则，建立指标体系时应考虑现实的可能性，指标体系应符合国家政策，适应于指标使用者对指标的理解接受能力和判断能力，避免过于繁琐，涉及数据应真实可靠并易于量化。

5. 导向性原则

建立指标体系时应充分考虑系统的动态变化，综合反映流域发展趋势，便于进行预测与管理，起到导向作用。根据建立评价体系的基础依据和基本原则，将尼尔基水库水生态风险评价的各项分指数构筑成一个树状层次结构，总体分为三层：目标层、要素层和指标层。其中，目标层为"尼尔基水库水生态风险评价"；要素层 4 项包括"理化指标""富营养盐指标""生物状况指标"和"污染风险指标"；指标层 13 项，指标层可以通过定量的计算实现综合全面的生态评价结果（表4-4）。

表 4-4 尼尔基水库水生态风险评估指标体系

目标层（A）	要素层（B）	指标层（C）
尼尔基水库水生态风险评估（A）	理化指标（B_1）	水温（C_1）
		溶解氧（C_2）
		pH（C_3）
	富营养盐指标（B_2）	氨氮（C_4）
		高锰酸盐指数（C_5）
		总磷（C_6）
		总氮（C_7）
		叶绿素 a（C_8）
	生物状况指标（B_3）	藻类生物多样性（C_9）
		浮游动物（C_{10}）
	污染风险指标（B_4）	邻苯二甲酸二丁酯 C_{11}）
		1,4-二氯苯（C_{12}）
		四氯化碳（C_{13}）

4.3　尼尔基水库指标体系构建

4.3.1　监测断面布置

尼尔基水库水源地共布设水质监测断面 3 个，分别为尼尔基库末、尼尔基库中、尼尔基坝前（图 4-1）。

图 4-1　尼尔基水库断面示意图

4.3.2　监测项目和分析方法

监测时间为 2014 年 8 月，监测项目包括《地表水环境质量标准》（GB 3838—2002）规定的基本理化指标、湖库富营养化指标、有机物排查性指标，以及生物指标（浮游植物和浮游动物）等。

4.3.3　评价指标体系建立

通过对尼尔基水库及嫩江上游各污染源和水环境特征的分析，筛选出影响尼尔基水库水华现象的重要指标（水温、溶解氧、pH）。在分析水质基本项目时，发现多项监测项目超标，除了常规项目（高锰酸盐指数、总磷、总氮、叶绿素 a）超标外，饮用水水源地及水功能区监督性监测特定项目（邻苯二甲酸二丁酯和四氯化碳）也有超标情况。此外，本尼尔基水库 2014 年水质监测数据的基础上，筛选出尼尔基水库污染风险指数控制污染物清单，作为尼尔基水库水生态风险评价的优先控制管理名单。

4.3.4　指标权重的确定

1. 构建判断矩阵

对指标权重进行一致性检验及层次单排序检验。

2. 指标权重的确定

在判断矩阵完成并通过一致性检验后确定指标权重。水温、溶解氧、总氮和总磷是水华现象发生的主要环境因子。尼尔基水库生态风险评价指标体系两个方面的权重大小排序为：理化指标、富营养盐指标、生物指标、污染风险指标。

4.3.5　构建判断矩阵

在前面确定的评价指标体系层次机构模型的基础上，采用 AHP，在指标权重确定的过程中，广泛听取各方意见，确定各级指标权重。在构建判断矩阵过程中，对指标权重进行一致性检验及层次单排序检验，若无法通过一致性检验，则需对其反复修正论证，直到通过一致性检验分析。

二级指标对于一级指标重要性程度的判断矩阵见表 4-5～表 4-8。

表 4-5　B_1-C 判断矩阵

B_1	C_1	C_2	C_3	C_4
C_1	1	1	2	1
C_2	1	1	2	1/2
C_3	1/2	1/2	1	1
C_4	1	2	1	1

注：CR=2233，λ_{max} =4.1855

表 4-6 B_2-C 判断矩阵

B_2	C_5	C_6	C_7	C_8
C_5	1	2	1	1
C_6	1/2	1	1	1/2
C_7	1/2	1	1	2
C_8	1	2	1/2	1

注：CR=2233，λ_{max} =4.2492

表 4-7 B_3-C 判断矩阵

B_3	C_9	C_{10}
C_9	1	1
C_{10}	1	1

注：CR=0.1667，λ_{max} =2.0000

表 4-8 B_4-C 判断矩阵

B_4	C_{11}	C_{12}	C_{13}
C_{11}	1	2	1
C_{12}	1/2	1	1
C_{13}	1	1	1

注：CR=0.1667，λ_{max} =3.0536

一级指标对于总目标重要程度的判断矩阵见表 4-9。

表 4-9 A-B 判断矩阵

A	B_1	B_2	B_3	B_4
B_1	1	2	1	2
B_2	1/2	1	1/2	1
B_3	1	2	1	2
B_4	1/2	1	1/2	1

注：CR=1.0000，λ_{max} =4.0000

利用确定后的两两指标之间的权重比，计算各个指标在总体上的权重占比，其具体权重占比数据见表 4-10。对于理化指标，水温占比较大；对于富营养盐指标，高锰酸盐指数占比较大，达到 0.1115；对于生物指标，浮游动植物的占比相同；对于污染风险指标，邻苯二甲酸二丁酯占比更大。

表 4-10　尼尔基水库水生态风险评价指标权重

目标层（A）	要素层（B）	权值	指标层（C）	权值
尼尔基水库生态风险评估（A）	理化指标（B_1）	0.2233	水温（C_1）	0.0937
			溶解氧（C_2）	0.0587
			pH（C_3）	0.0818
	富营养盐指标（B_2）	0.2233	氨氮（C_4）	0.0992
			高锰酸盐指数（C_5）	0.1115
			总磷（C_6）	0.0557
			总氮（C_7）	0.0845
			叶绿素 a（C_8）	0.0816
	生物指标（B_3）	0.1667	浮游植物（C_9）	0.0833
			浮游动物（C_{10}）	0.0833
	污染风险指标（B_4）	0.1667	邻苯二甲酸二丁酯（C_{11}）	0.0688
			1,4-二氯苯（C_{12}）	0.0433
			四氯化碳（C_{13}）	0.0546

4.4　AHP 的应用

4.4.1　评价方法

AHP 一般包括以下五步：①明确问题；②构造判断矩阵；③判断矩阵的一致性检验；④层次单排序；⑤层次总排序。

4.4.2　数据收集与分析

1. 理化指标

以 2014 年 8 月为例，尼尔基水库水温在 20～30℃，处于水华现象易发生的温度范围。水华大多暴发在碱性的水体中，尼尔基水库 pH 平均值呈碱性，易发生水华。尼尔基水库溶解氧为 11.07mg/L，总体上处于过饱和状态，其中库中溶解氧大于坝前和库末。库中的氨氮为 1.121mg/L，超过了Ⅲ类水体标准，具体理化指标数据见表 4-11。

表 4-11　尼尔基水库理化指标数据表

指标	尼尔基坝前	尼尔基库中	尼尔基库末
水温/℃	25.8	25.8	23.7
溶解氧/（mg/L）	10.07	14.98	8.16
pH	8.93	8.75	7.88
氨氮/（mg/L）	0.51	1.121	0.76

2. 富营养盐指标

如表 4-12 所示,尼尔基库中、库末的总磷均超过Ⅲ类水体标准,分别超标 2.8 倍和 0.8 倍。尼尔基坝前、库中、库末的总氮分别超标 0.66 倍、2.808 倍和 0.802 倍。库中的高锰酸盐指数超标 0.46 倍。库中的叶绿素 a 最高达到 0.0694mg/L,比坝前和库末高出 19 倍和 11 倍,其主要原因为库中的藻类细胞浓度过大。

表 4-12　尼尔基水库富营养盐指标数据表　　　　　　（单位:mg/L）

指标	尼尔基坝前	尼尔基库中	尼尔基库末
总磷	0.05	0.19	0.09
总氮	1.66	3.808	1.802
高锰酸盐指数	4.88	8.76	5.68
叶绿素 a	0.003 39	0.0694	0.005 65

3. 生物指标

生物状况评价包括浮游植物和浮游动物。尼尔基水库各采样点浮游植物的细胞密度如表 4-13 所示,库中细胞密度为 252.16×10^6 个/L,坝前为 2.18×10^6 个/L,库末为 0.96×10^6 个/L,结果表明库中聚集着大量的浮游植物,为水华暴发的主要区域。

表 4-13　浮游植物细胞密度　　　　　　（单位:个/L）

指标	尼尔基坝前	尼尔基库中	尼尔基库末
蓝藻	2.09×10^6	252.1×10^6	0.37×10^6
绿藻	0.06×10^6	—	0.13×10^6
硅藻	0.01×10^6	0.06×10^6	0.43×10^6
隐藻	0.01×10^6	—	0.0006×10^6
裸藻	0.0024×10^6	—	0.03×10^6
总密度	2.18×10^6	252.16×10^6	0.96×10^6

根据尼尔基水库浮游植物和浮游动物种数和密度计算 Shannon-Wiener 多样性指数、Pielou 均匀度多样性指数和 Margalef 丰富度多样性指数,如表 4-14 所示。

表 4-14　尼尔基水库生物指标数据表

分类	多样性指数	尼尔基坝前	尼尔基库中	尼尔基库末
浮游植物	Shannon-Wiener	0.93	1.54	2.69
	Margalef	4.25	0.65	5.81
	Pielou	0.11	0.34	0.61
浮游动物	Shannon-Wiener	0.47	0.45	1.41
	Margalef	1.73	1.64	0.68
	Pielou	0.15	0.15	1.07

4. 污染风险指标

尼尔基水库水源地筛选出有代表性的污染风险指标邻苯二甲酸二丁酯、1,4-二氯苯和四氯化碳。其中邻苯二甲酸二丁酯检出率达到 100%，四氯化碳检出率达到 20%，1,4-二氯苯是有毒有机污染物的一种，它的检出率达 30%。

4.4.3 指标层评价值的确定

由于评价指标体系中选取的各评价指标的计量单位不同，因此需要采用极差标准化方法对所得分值进行标准化处理，见表 4-15。

表 4-15 尼尔基水库水生态风险评估指标标准化处理表

指标	尼尔基坝前	尼尔基库中	尼尔基库末
水温	1	1	0.62
溶解氧	0.67	1	0.93
pH	0.60	1	0.22
氨氮	0.21	1	0.54
总磷	0.22	1	0.44
总氮	22	1	0.37
高锰酸盐指数	0.36	1	0.49
叶绿素 a	0.045	1	0.077
浮游植物	1	0.61	1
浮游动物	0.56	1	1
邻苯二甲酸二丁酯	1	1	0.19
1,4-二氯苯	1	0.19	0.01
四氯化碳	0.35	1	1

4.4.4 要素层评价

尼尔基水库的水生态风险分布如图 4-2 所示。尼尔基库中理化指标和富营养指标对水库生态风险影响较大，嫩江上游支流、排污口污染源排放大量的污染物，其中磷、氮是水库富营养化、爆发水华现象的主要限制因子。随着水体中磷、氮浓度的上升，水库朝着形成水华的蓝藻趋势发展，库中呈轻度水华风险，库末和坝前的水流动性较好，发生水华风险的可能性降低。

选取理化指标、富营养盐指标、生物指标和污染风险指标进行计算，对尼尔基水库水生态风险进行综合评价。结果表明，尼尔基水库水生态指数为 0.15（库末）、0.30（库中）、0.25（坝前），呈轻度风险。对尼尔基库中水生态风险具有较大影响的风险源主要为上游支流汇入、沿江排放以及上游非点源污染物的排放。

尼尔基水库生态风险指数平均值达到 0.23，总体存在轻度风险，需要采取相应措施降低风险。

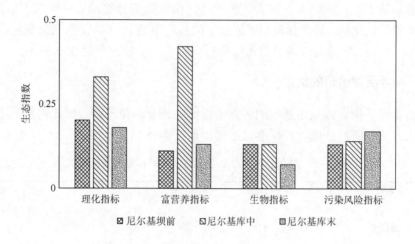

图 4-2　尼尔基水库水生态风险分布图

4.5　本　章　小　结

通过 AHP 构建尼尔基水库生态风险评价指标体系，分析尼尔基水库水环境特征。指标体系的目标层为"尼尔基水库水生态风险评价"；要素层包括"理化指标""富营养盐指标""生物指标"和"污染风险指标"4 项；指标层为 13 项。确定各评价指标权重，尼尔基水库生态风险评价指标体系权重大小排序为：理化指标、富营养盐指标、生物指标、污染风险指标。选取这四项指标进行计算，对尼尔基水库水生态风险进行综合评价。评价结果表明，尼尔基水库水生态指数为 0.15（库末）、0.30（库中）、0.25（坝前），总体呈轻度风险。由此可见，在水库水环境风险评价方面，AHP 的评价结果比较精准，因此，AHP 在水库水环境风险评价方面具有很好的应用前景。

第5章　聚类分析法

聚类分析法是理想的多变量统计技术，主要有分层聚类法和迭代聚类法。聚类分析也称群分析、点群分析，是研究分类的一种多元统计方法。聚类分析属于数据挖掘中一项最为核心的技术，原理是将一组物理或抽象的对象转变为簇，使每个簇内的相似度达到最高，从而降低簇间的相似度，多应用于分析各数据源之间的相似性，将数据源合理分配到不同的簇中。其目标就是将所收集的数据按相似性进行分类。这类分析方法按照最初规定的要求以及数据之间的规律将各事物进行分类，属于数理统计中多元分析的一部分。采用聚类分析方法优化水质监测断面设置，就是根据水质监测数据对松花江流域省界缓冲区内水环境进行级别或类型划分，按水体污染性质及污染程度在空间上划分出不同的污染区域，同时结合水质监测断面的重要性和沿程水体中污染物变化情况及水质状况（Guo et al, 2012），科学合理地布设水质监测断面，节省水质监测过程中的人力及财力投入，并使所获监测数据更具代表性和更科学合理。

5.1　概　　述

伴随着数据挖掘技术的快速发展，这类分析方法更多的应用于对大量的未知类别的数据进行研究和分析，从而达到分类的目的。其基本分类思想是以相似性的大小为尺度来衡量各事物之间的亲疏程度，并以此为依据来实现分类。分析过程中的基本数据类型很多，包括区间标度变量、二值属性、连续型和离散型。聚类分析的主要方法包括下划分法、层次法、基于密度的方法、基于模型的方法。

5.1.1　K-均值聚类分析

K-均值聚类分析属于聚类分析中最常用且最为基础的方法，通过对数据不断的迭代而进行聚类，实现以达到最优解为目的的分类过程。以事先在运算之前就确定好的 K 为参数，将 n 个数据对象划分为 K 个簇，此时每个簇内的数据对象之间具有较高的相似性，明显地降低了簇与簇之间的相似度，此相似度通过计算各簇内的数据对象的平均值而得到。该算法首先是随机地选择 K 个数据对象并将其分别看成各个簇的中心，将剩余的每个数据对象以各数据对象与各个簇中的欧氏距离为依据划分到最近的簇中，接下来对每个簇的平均值重新计算，不断反复进行这个过程，直至评分函数收敛。该方法具有思路清晰、占据计算机存储空间小、算法简单、处理效率高等优点，现已成为使用最为广泛的一类聚类分析算法。这类分析算法的关键是需要确定一个数据集以及聚类数目 K，然后根据最近原则把所有的数据对象一一划分到相应的聚类中去，这也是 K-均值聚类分析的基本分类思想。具体如下：

（1）从原始样本的数据集 D 中选择出 K 个样本点，并将此作为 K 个簇的初始聚类中心 a_i（$i=1,2,\cdots,K$）。

（2）对数据集 D 中的所有样本点 b_j（$j=1,2,\cdots,n$）进行计算，依次计算出到各簇中心 a_i 的距离。

（3）分别求出 b_j 到 a_i 的最小距离 $\min(d(i,j))$，然后将 b_j 归并到和 a_i 距离最小的簇中。

（4）重新计算各簇的聚类中心。

（5）计算数据集 D 中所有样本点的标准差 $E(t)$，将此结果与前一次误差 $E(t-1)$ 进行比较。

（6）当出现 $E(t)<E(t-1)$ 时，返回至步骤（2），继续计算，否则聚类算法结束。

K-均值聚类的算法描述如下。

Input：包含 n 个对象的数据集 D 及簇的数目 K。

Output：K 个簇的集合。

具体步骤如下。

（1）在数据集 D 选择 K 个簇的初始中心。

（2）重复上述步骤。

（3）以簇中的平均值为依据将各对象归类。

（4）重新计算簇的平均值。

（5）直至簇的平均值不发生变化。

K-均值聚类分析的算法的复杂度是 $O(nKt)$，其中，n 表示研究对象的总数；K 代表簇的个数，同时也是 K 个簇的原始中心；t 表示迭代次数。

K-均值聚类分析在被广泛应用的同时，也存在一定的缺陷。首先，K 值为事先给定的，如何确定一个合理的 K 值十分困难，在分类之前并不确定数据集应分成几类更为合适。聚类数目 K 值的确定大多采用类的自动合并和分裂的方法，或依据方差分析理论来确定。除此之外，各簇中心初始位置的选择会对数据的聚类效果产生较大的影响，可能会导致迭代次数增多或计算量增大，进而导致聚类陷入局部最优点，造成聚类结果不准确。这一分类方法对孤立点十分敏感，若处理不得当，同样会使得聚类结果严重偏离原本分布模式，导致聚类准确率下降。

5.1.2　模糊聚类分析

数理统计中研究"物以类聚"的另一种主要的多元分析方法是模糊聚类分析（高新波，2004）。该方法是将多元数据的分析引进到分类中的一种较新的模糊数学方法，通过数学方法来对所给定对象研究和处理从而实现分类，属于非监督模式识别的一个重要分支。该分析方法通常借助于 SPSS、MATLAB 等专业分析软件被广泛应用在各种事物或现象的分类中，比如模式识别、数据挖掘、计算机视觉、模糊控制和水文气象预报等许多领域，具有较为重要的实际应用价值。

首先假定 n 个样本分别各属于一类，此时各类之间的距离等于各样本间的中心距离，接着将距离最近的两类合并成一个新类，通过计算新类与其余样本之间的距离，再找出距离最小的两类，并将其合并成新类，反复进行此操作，直到剩下最后一类为止。上述过程完成后，将聚合过程绘成聚类图，便得到可直观的样本的分类。具体分析步骤如下。

（1）建立原始数据矩阵。设有 n 个待分类的研究对象，假设每一个样品都是具有 m 个特征样品的指标来表征的，那么所构建的数据矩阵 X 可表示为

$$X = \begin{bmatrix} X_{11} & X_{12} & ... & X_{1m} \\ X_{21} & X_{22} & ... & X_{2m} \\ \vdots & \vdots & & \vdots \\ X_{n1} & X_{n2} & ... & X_{nm} \end{bmatrix} \tag{5-1}$$

（2）数据标准化。各指标间的量纲和数量级存在着普遍的不同，假设直接利用最原始的数据进行计算，极有可能造成部分数量级较大的特性指标对分类的作用明显突出。一个指标单位的改变会导致分类结果改变的现象频繁出现，因此需对原始数据进行无量纲化的标准化处理，将研究对象的每一指标的数量级均统一于一种数据特性范围。对样本数据进行标准化的方法有标准差规格化法、极大值规格化法、极差规格化法、均值规格化法等。标准差规格化法使用较为广泛，其模型如下：

$$x_{ij} = \frac{x'_{ij} - \overline{x'_j}}{S_j} \tag{5-2}$$

$$\overline{x'_j} = \frac{1}{n} \sum_{i=1}^{n} x_{ij} \tag{5-3}$$

$$S_j = \sqrt{\frac{1}{n} \sum_{i=1}^{n} \left(x_{ij} - \overline{x_j} \right)^2} \tag{5-4}$$

式中，$\overline{x'_j}$ 为第 j 个指标的平均值；S_j 表示第 j 个指标的标准差；$j=1,2,3,\cdots,m$。

进一步进行平移-极差变换，则

$$x'_{ij} = \frac{x_{ij} - \lim\limits_{1 \leq i \leq n}\{x_{ij}\}}{\max\limits_{1 \leq i \leq n}\{x_{ij}\} - \lim\limits_{1 \leq i \leq n}\{x_{ij}\}} \tag{5-5}$$

（3）构造模糊相似矩阵。模糊相似矩阵 R 代表模糊聚类分析的一种相似关系，这是用来衡量样本间相似程度的一种模糊度量方法。

$$R = \begin{bmatrix} X_{11} & X_{12} & \dots & X_{1m} \\ X_{21} & X_{22} & \dots & X_{2m} \\ \vdots & \vdots & & \vdots \\ X_{n1} & X_{n2} & \dots & X_{nm} \end{bmatrix} \tag{5-6}$$

确定 r_{ij} 值的方法很多，多采用欧氏距离法，该方法的数学模型为

$$r_{ij} = 1 - c\sqrt{\sum_{k=1}^{m}(x_{ik} - x_{jk})^2} \tag{5-7}$$

式中，c 为可使 $0 \leq r_{ij} \leq 1$ 的一个常数；i,j=1,2,3,…,n。

（4）构造模糊等价矩阵特性。在通常情况下，模糊相似关系即模糊相似矩阵 R 仅满足自反性和对称性，而不满足矩阵的传递性。若要对被分类的对象实现最终的聚类，必须要构造出一个满足传递性的模糊等价关系矩阵。该模糊等价矩阵的构造方法是自乘，即 $R \to R^2 \to R^4 \to \dots \to R^{2k}$，如此自乘下去，经过有限次运算后，直至出现一个 k，使 $R^{2k} = R^{2(k+1)}$，则此时 $t(R) = R^{2k}$，即模糊等价关系。

（5）聚类分析。通常会在得到模糊等价关系 $t(R)$ 后，给出一个不同置信水平 λ，对任意 $\lambda \in [0,1]$，可以在适当水平的 λ 上截取 $t(R)$，模糊等价关系中大于 λ 值的元素那部分归为一类，得到不同的聚类结果，根据模糊等价矩阵的结果画出聚类树，然后进行分类。

模糊聚类分析同样也存在着一定的缺陷。比如在对给定样本集进行特征提取，以及在区分类别的有效特征等方面，该分析方法常用的数据类型大多是基于样本集数据和指标集数据，聚类方法常常采用欧氏距离，对具有数值属性的数据存在着较高的分类能力，但对于符号属性的分类属性较低的数据则无法进行分类。如何在面对一些大数据量的样本集时提高聚类的效率以及聚类分析算法的普适性与实时性是模糊聚类分析的一个重要问题。但该方法与K-均值聚类分析法可以相互补充、相互结合，使分类结果更为准确。

5.2　K-均值聚类法的应用

5.2.1　水质监测断面优化原则

水质监测断面优化可以在获取充足的地表水环境信息量、数据信息翔实准确地反映地表水水质动态及总体环境质量状况的基础上节省人力和物力，最终达到

小投入大回报的目的，对水体中的污染物真正实现源头控制。为了真正达到优化水质监测断面的目的，必须遵循以下几个原则：首先，选择的监测断面必须具有代表性，足以提供具有代表性和科学性的松花江流域省界缓冲区的水质监测项目监测数据及其污染变化趋势，为水质改善和水污染控制提供科学依据；其次，监测断面应具有合理性，具体体现在从水质监测断面上获取的水质监测数据可以尽量保证在空间的分布上重复性最小而代表性足够强，保证在优化后的监测断面具有充足的水质监测数据用于反映松花江流域省界缓冲区水质状况；最后，对所优化的水质监测断面应体现科学性，如果该水质监测断面属于城市污染控制断面，那么该断面的布设应位于污染物与省界缓冲区混合区的末端或者污染物与省界缓冲区混合均匀的起端。

在对水质监测断面进行优化时，必须考虑该优化过程是否具有可行性和可操作性。应充分考虑水质监测断面在设置后是否能进行有效的采样，同时应将监测断面的水文环境、交通条件以及行政管理等因素尽可能考虑。为得到具有代表性的水质监测断面需坚持以上原则，建立适宜数量的监测断面，才能保证水质监测数据具有较好的代表性并降低监测费用，大大提高水质监测效率。本节根据以上优化原则来构建一个水质监测断面数量得当、水质监测数据具有科学性和代表性以及监测成本最低的最优组合。

5.2.2　K-均值聚类法优化水质监测断面

K-均值聚类分析方法是一种基于划分的聚类算法，其聚类的过程是通过不断迭代直至最终达到最优解。这类聚类算法因逻辑简单、占据存储空间小、处理效率高，较适合于对大规模数据进行聚类。本节以 2015 年松花江流域省界缓冲区内松花江、第二松花江、嫩江和绥芬河 4 条主要河流 50 个水质监测断面的监测数据中的 Cu、Se、COD、BOD_5、NH_3-N、TP 和 As（砷）共 7 项水质监测指标为元数据，利用 K-均值聚类法对该流域省界缓冲区水质监测断面进行优化。

5.2.3　监测断面分类 *K* 值的确定

确定分类的个数问题不仅是任何聚类分析中都会面临的问题，也是 K-均值聚类分析中的核心问题。K-均值聚类分析主要通过方差分析来最终筛选出最优的分类数，也就是根据所定义的方差统计量 F（平均组间平方和与平均组内平方和之比），将公式中变化的分类数称为因子，因子在选择的过程中选用的不同值称为水平，具体公式为

$$F = \frac{S_{SA}/(k-1)}{S_{SE}/(n-k)} \tag{5-8}$$

式中，

$$S_{\mathrm{SA}} = \sum_{i=1}^{k} n_i (x_i - \overline{x}_i)^2 \tag{5-9}$$

$$S_{\mathrm{SE}} = \sum_{i=1}^{k} n_i (x_i - \overline{x}_i)^2 \tag{5-10}$$

其中，k 为水平数；n_i 为第 i 个水平下的样本容量；S_{SA} 为组内离差平方和；S_{SE} 为组间离差平方和。

从式（5-8）可以看出，不同的水平对观察变量的影响十分显著，也就是观察变量的组间离差平方和越大，F 值也就越大。

5.2.4　K-均值聚类优化断面基本步骤

K-均值聚类法主要用欧氏距离来衡量样本间的亲疏程度，其主要步骤如下。

（1）根据所选数据的研究目的来选择合适的聚类指标。

（2）对样本数据进行标准化处理以最终达到消除量纲差异，从而使不同的水质监测指标数据之间具有较强的可比性的目的，这需要对原始数据进行标准化预处理。得到标准化数据的具体方法是将 50 个监测断面的 7 个监测指标数据构建成如下的 7×50 的特征观测矩阵：

$$\boldsymbol{X} = \begin{bmatrix} X_{11} & X_{12} & ... & X_{1p} \\ X_{21} & X_{22} & ... & X_{2p} \\ \vdots & \vdots & & \vdots \\ X_{n1} & X_{n2} & ... & X_{np} \end{bmatrix} \tag{5-11}$$

式中，$X_{ij}(i=1,2,\cdots,n; j=1,2,\cdots,p)$ 为第 i 个水质监测断面的第 j 项监测指标的监测数据。则有

$$\overline{x}_j = \frac{1}{m} \sum_{i=1}^{m} x_{ij} \tag{5-12}$$

$$s_j = \left[\frac{1}{m-1} \sum_{i=1}^{m} (x_{ij} - \overline{x}_j)^2 \right]^{1/2} \tag{5-13}$$

$$y_{ij} = (x_{ij} - \overline{x}_j)/s_j \tag{5-14}$$

式中，$\overline{x}_j$ 为第 j 个水质监测指标的监测均值；s_j 为第 j 个水质监测指标的标准差；y_{ij} 为 x_{ij} 标准化后的值。

（3）根据定义的 F 方差统计量来确定将松花江流域省界缓冲区 50 个水质监测断面分成 7 个初始类，以这 7 个类的均值作为初始的类中心点。

（4）依次计算各水质监测断面上的水质指标数据点到 7 个类中心点的欧氏距离。其中欧氏距离的表达式为

$$d_{ij} = \sum_{k=1}^{m} (x_{ik} - x_{jk})^2 \qquad (5\text{-}15)$$

式中，x_{ik} 为第 i 个水质监测断面的第 k 项水质监测指标的监测数据；x_{jk} 为第 j 个水质监测断面的第 k 项水质监测指标的监测数据；d_{ij} 为第 i 个水质监测断面与第 j 个水质监测断面之间的欧氏距离。

将上述的每个水质监测样本均归入类中心点离该样本最近的那个类，从而构建成一个新的 7 类水质监测断面组，这样便完成一次迭代过程。

（5）重新计算新的 7 个水质监测断面组的类中心点，并以每个类的均值为新的类中心点。

（6）重复步骤（4）和步骤（5），直至聚类准则函数收敛。同时计算出该 K 类的 F 方差统计量。

（7）对上述聚类分析结果进行分析，统计出上述 50 个水质监测断面的归属类别。

5.2.5　K-均值聚类对断面优化结果与分析

本节利用 SPSS 21.0 软件，将松花江流域省界缓冲区内松花江、第二松花江、嫩江和绥芬河 4 条主要河流 50 个监测断面 7 个优化后的水质监测指标作为元数据，采用 K-均值聚类分析法来实现对这 50 个水质监测断面分类处理，从而实现水质监测断面优化。

1. 水质监测断面监测数据标准化处理

为消除不同水质监测指标间的量纲差异，使各数据之间具有可比性，需要对数据进行标准化处理，标准化后的数据结果如表 5-1 所示。

表 5-1　标准化数据

断面名称	COD	BOD$_5$	NH$_3$-N	TP	Cu	Se	As
加西	-0.390	-0.334	0.204	-0.550	-0.338	-0.504	-0.840
白桦下	-1.620	-0.753	-0.694	-0.408	-0.224	-0.504	-0.692
柳家屯	-1.599	0.607	-0.520	0.866	-0.319	-0.504	-0.310
石灰窑	2.155	-0.857	-0.585	-0.550	-0.309	-0.504	-0.501
嫩江浮桥	-0.305	0.293	-0.980	-0.267	3.477	-0.504	0.073
繁荣新村	-0.220	0.084	-0.610	-0.408	-0.319	-0.504	-0.214
尼尔基大桥	1.010	0.084	0.000	-0.550	-0.508	-0.504	-0.118
小莫丁	1.561	-0.125	0.365	-0.550	-0.508	-0.504	4.374
拉哈	0.373	0.607	0.250	-0.125	-0.508	-0.504	-0.023

续表

断面名称	COD	BOD$_5$	NH$_3$-N	TP	Cu	Se	As
鄂温克族乡	-0.390	-0.021	-0.504	-0.408	-0.224	-0.504	-0.692
古城子	-1.005	0.084	-0.158	-0.267	-0.508	-0.504	-0.214
萨马街	-1.026	-0.125	-0.640	-0.267	-0.224	-0.504	-0.692
兴鲜	-1.429	-0.334	0.311	0.300	-0.508	-0.504	-0.405
新发	-1.175	-0.544	-0.103	1.008	-0.470	-0.504	-0.118
大河	-1.026	0.084	-0.640	-0.408	-0.224	-0.504	-0.692
二节地	-0.496	-0.334	0.117	1.008	-0.319	-0.504	0.073
金蛇湾码头	0.204	-0.439	-0.062	1.150	1.389	-0.504	0.455
东明	-0.835	-0.648	-0.294	0.158	-0.319	-0.504	-0.118
原种场	-1.238	-0.021	-0.779	-0.267	-0.224	-0.504	-0.692
两家子水文站	1.094	-0.962	-0.231	-0.833	-0.224	1.179	-0.405
乌塔其农场	-0.178	0.084	-0.749	-0.408	-0.224	-0.504	-0.692
莫呼渡口	-0.390	-0.439	-0.504	-0.267	-0.224	-0.504	-0.692
江桥	0.246	-0.125	-0.150	-0.125	-0.224	-0.504	-0.692
浩特营子	1.646	0.084	-0.449	-0.691	-0.224	1.179	0.264
林海	-1.154	-0.230	-0.367	-0.691	-0.224	0.843	-0.023
永安	-1.323	0.189	-0.667	-0.550	-0.224	1.853	-0.214
煤窑	-0.581	0.398	-0.612	-0.833	-0.224	2.189	0.073
宝泉	1.094	-0.648	-0.558	-0.691	-0.224	3.536	0.073
野马图	0.352	-0.230	-0.395	-0.833	-0.224	2.189	0.073
高力板	0.352	-0.334	-0.558	-0.550	-0.224	2.526	1.889
同发	2.028	0.189	-0.068	-0.833	-0.224	1.179	3.131
白沙滩	-0.030	0.084	-0.286	-0.833	-0.224	1.179	-0.405
大安	-0.305	-0.021	-0.098	2.282	-0.224	-0.504	0.933
塔虎城渡口	1.179	1.026	-0.013	-0.691	4.046	0.843	-0.214
马克图	-0.136	0.712	-0.242	1.150	-0.413	-0.504	0.837
龙头堡	-0.772	-1.171	-0.803	0.442	-0.129	-0.167	-0.692
松林	-0.008	1.235	-0.585	0.158	-0.413	-0.504	0.933
下岱吉	0.077	-0.439	-0.150	-0.691	4.046	1.179	0.073
88 号照	0.246	-1.171	0.586	0.017	-0.224	-0.504	-0.692
肖家船口	0.925	-1.276	-0.068	-0.125	-0.224	-0.504	-0.692
和平桥	-0.178	1.549	1.539	-0.408	-0.224	-0.504	-0.692
向阳	-0.602	-0.648	1.266	-0.550	-0.224	-0.504	-0.692
振兴	-0.178	-0.439	0.477	0.158	-0.224	-0.504	-0.692

续表

断面名称	COD	BOD$_5$	NH$_3$-N	TP	Cu	Se	As
牛头山大桥	-0.390	1.444	0.749	-0.125	-0.224	-0.504	-0.692
蔡家沟	-0.750	1.026	1.196	1.008	-0.224	-0.504	1.793
板子房	-0.581	0.084	-0.117	0.583	-0.413	-0.504	1.602
牤牛河大桥	0.034	1.653	0.667	-0.267	-0.224	-0.504	-0.692
龙家亮子	2.664	4.896	5.923	5.256	-0.413	-1.177	-0.310
牡丹江 1 号桥	0.670	-0.962	-0.095	-0.408	-0.034	-0.504	-0.405
同江	1.307	-1.381	0.586	1.150	-0.224	-0.504	-0.405

2. 样本分类数 K 值的确定

根据松花江流域省界缓冲区水质监测断面分布状况、断面个数以及流域省界缓冲区水文预报的经验，以及其科学性和合理性，预设聚类数为 3～10。由 F 统计方差量可知，变量 F 可以用来综合反映各样本特征的组间紧密和分散程度，其数值越大表明组内关系越紧密，也就是数据分类更为合理。利用 F 由 K-均值聚类分析方法对不同分类数的方差进行分析验证。经计算得表 5-2 的结果，从表中可以看出，当水质监测断面分为 7 组时，F 的统计值最大，因此，对于该组数据 K-均值聚类分析的 K 值应选取 7。

表 5-2　不同分类数 K 的方差分析

分类数	F 统计方差量	分类数	F 统计方差量
3	180.186	7	250.201
4	227.026	8	219.794
5	239.721	9	215.258
6	248.326	10	215.725

3. 聚类中心

利用 SPSS 21.0 软件的 K-均值聚类法得出的结果输出窗口可以看到以下统计表格（表 5-3～表 5-5）。首先 SPSS 21.0 系统根据用户的指定，将松花江流域省界缓冲区 50 个水质监测断面按 7 类进行聚合，从而确定初始聚类的各变量中心点，如表 5-3 所示，表中所得到的聚类中心为未经 K-均值聚类算法迭代的，即各类别的间距并非最优。

表 5-3 初始聚类中心

指标	聚类						
	1	2	3	4	5	6	7
COD	1.307	−1.323	−0.750	2.664	1.179	1.561	1.094
BOD_5	−1.381	0.189	1.026	4.896	1.026	−0.125	−0.648
NH_3-N	0.586	−0.667	1.196	5.923	−0.013	0.365	−0.558
TP	1.150	−0.550	1.008	5.256	−0.691	−0.550	−0.691
Cu	−0.224	−0.224	−0.224	−0.413	4.046	−0.508	−0.224
Se	−0.504	1.853	−0.504	−1.177	0.843	−0.504	3.536
As	−0.405	−0.214	1.793	−0.310	−0.214	4.374	0.073

为使各类别间距达到最优，需通过 K-均值聚类分析对以上的初始聚类中心进行迭代，具体迭代记录如表 5-4 所示，表中给出了每次迭代结束后的类中心的变化，因为聚类中心的内部没有改动或改动较小从而达到收敛。从表 5-4 中可以看出，总共经历了 5 次迭代，即 5 次迭代后，聚类中心的变化为 0.000，迭代停止时，初始中心间的最小距离为 3.080。

表 5-4 迭代历史记录

迭代次数	聚类中心内的更改						
	1	2	3	4	5	6	7
1	1.863	1.868	1.658	0.000	1.273	1.123	1.482
2	0.107	0.221	0.129	0.000	0.000	0.000	0.290
3	0.286	0.247	0.146	0.000	0.000	0.000	0.207
4	0.193	0.175	0.000	0.000	0.000	0.000	0.250
5	0.000	0.000	0.000	0.000	0.000	0.000	0.000

完成上述迭代过程后，根据最终的迭代结果，可得出松花江流域省界缓冲区 50 个水质监测断面作为本次分析的聚类成员所属的类及所属类中心的距离。聚类一列中给出了观测量所属的类别，距离列给出了观测量与所属聚类中心的距离，具体划分结果见表 5-5。

结合表 5-5 和表 5-6 可以看出，在对松花江流域省界缓冲区 50 个水质监测断面按照优化后的 7 项水质监测指标分为 7 类后，石灰窑、尼尔基大桥、金蛇湾码头、江桥、88 号照、肖家船口、向阳、振兴、牡丹江 1 号桥、同江 10 个水质监测断面为第 1 类；第 2 类包括 16 个水质监测断面，分别是加西、白桦下、柳家屯、繁荣新村、鄂温克族乡、古城子、萨马街、兴鲜、新发、大河、东明、原种场、乌塔其农场、莫呼渡口、林海、龙头堡；第 3 类分别是拉哈、二节地、大安、马克图、松林、和平桥、牛头山大桥、蔡家沟、板子房、牤牛河大桥 10 个水质监测断面；归为第 4 类的水质监测断面最少，只有龙家亮子一个；第 5 类和第 6 类的水质监测断面数相对较少，第 5 类有嫩江浮桥、塔虎城渡口和下岱吉三个水质监测断面，划分为第 6 类的水质监测断面有小莫丁、同发两个；第 7 类的水质监测断面包括两家子水文站、浩特营子、永安、煤窑、宝泉、野马图、高力板和白沙滩 8 个。

表 5-5　聚类成员

案例号	断面名称	聚类	距离	案例号	断面名称	聚类	距离
1	加西	2	1.008	26	永安	7	1.756
2	白桦下	2	1.006	27	煤窑	7	1.113
3	柳家屯	2	1.472	28	宝泉	7	1.804
4	石灰窑	1	1.800	29	野马图	7	0.272
5	嫩江浮桥	5	1.414	30	高力板	7	1.823
6	繁荣新村	2	0.883	31	同发	6	1.123
7	尼尔基大桥	1	1.211	32	白沙滩	7	1.099
8	小莫丁	6	1.123	33	大安	3	2.058
9	拉哈	3	1.035	34	塔虎城渡口	5	1.273
10	鄂温克族乡	2	0.683	35	马克图	3	0.974
11	古城子	2	0.584	36	龙头堡	2	1.208
12	萨马街	2	0.397	37	松林	3	1.241
13	兴鲜	2	1.029	38	下岱吉	5	1.080
14	新发	2	1.296	39	88 号照	1	0.742
15	大河	2	0.559	40	肖家船口	1	0.766
16	二节地	3	1.318	41	和平桥	3	2.020
17	金蛇湾码头	1	2.134	42	向阳	1	1.731
18	东明	2	0.641	43	振兴	1	0.999
19	原种场	2	0.605	44	牛头山大桥	3	1.498
20	两家子水文站	7	1.497	45	蔡家沟	3	1.786
21	乌塔其农场	2	0.939	46	板子房	3	1.508
22	莫呼渡口	2	0.632	47	牤牛河大桥	3	1.662
23	江桥	1	0.903	48	龙家亮子	4	0.000
24	浩特营子	7	1.569	49	牡丹江 1 号桥	1	0.576
25	林海	2	1.476	50	同江	1	1.548

表 5-6　最终聚类中心

指标	聚类						
	1	2	3	4	5	6	7
COD	0.598	−0.903	−0.244	2.664	0.317	1.794	0.326
BOD_5	0.721	−0.230	0.795	4.896	0.293	0.032	−0.177
NH_3-N	0.196	−0.428	0.348	5.923	−0.381	0.149	−0.469
TP	0.016	−0.098	0.526	5.256	−0.550	−0.691	−0.727
Cu	−0.086	−0.294	−0.319	−0.413	3.856	−0.366	−0.224
Se	−0.504	−0.398	−0.504	−1.177	0.506	0.338	1.979
As	−0.443	−0.486	0.407	−0.310	−0.023	3.752	0.168

4. 聚类结果检验

K-均值聚类分析的结果是否可靠,可根据方差分析表来判断。根据最终聚类中心可得到 7 类监测断面中心间的距离,然后对水质监测断面的聚类结果的类别间距离进行方差分析。方差分析的结果(表 5-7)中,对分类进行检验都会显示 Sig.为 0.000,类别间距离差异的概率值均小于 0.010,表明上述聚类效果较好,说明通过聚类所得的类别之间是有显著差异的,这也是聚类分析必要的。松花江流域省界缓冲区的 50 个水质监测断面在上述 7 个类别中是存在显著差异的,结果有效。

表 5-7　方差分析表

指标	聚类		误差		F	Sig.
	均方	自由度(dF)	均方	自由度(dF)		
COD	5.314	6	0.416	43	12.764	0.000
BOD_5	6.136	6	0.277	43	22.114	0.000
NH_3-N	6.975	6	0.213	43	32.767	0.000
TP	6.107	6	0.332	43	18.380	0.000
Cu	7.987	6	0.072	43	111.476	0.000
Se	6.888	6	0.221	43	31.172	0.000
As	5.982	6	0.349	43	17.149	0.000

5. K-均值聚类分析结果分析

统计每个类别中的水质监测断面的个数分配情况,如表 5-8 所示。

表 5-8　每个聚类中的监测断面个数

聚类		有效	缺失
类别	监测断面个数		
1	10		
2	16		
3	10		
4	1	50	0
5	3		
6	2		
7	8		

从上述聚类分析结果（表 5-8）中可以看出，水质监测断面可划分为 7 类，其中，划分为前 3 类的水质监测断面占总监测断面的大部分。结合松花江流域省界缓冲区水质监测断面地理位置、水功能区、断面性质等，按水质监测断面的优选原则来对上述 7 类监测断面进行优化分析。

在第 1 类中，石灰窑、尼尔基大桥和江桥均位于嫩江黑蒙缓冲区，可以考虑将其合并为一个，由于尼尔基水库具有重要的水生态意义，保留尼尔基大桥断面。金蛇湾码头、肖家船口和同江均为国家考核断面，必须保留。对于第 2 类监测断面，加西、白桦下、柳家屯位于甘河蒙黑缓冲区，断面情况及水质状况评价结果相似，由于柳家屯位于甘河的保留区内，则该断面保留，而加西和白桦林与柳家屯断面与省界缓冲区的距离不到 1 km，则柳家屯断面情况同样可以反映该流域的水质状况，因此，上述三个监测断面仅保留柳家屯即可。古城子和萨马街断面均位于诺敏河蒙黑缓冲区，可以考虑合并，其中古城子断面为国控断面，因此删除萨马街断面，保留古城子断面。大河和新发断面在音河流域上，大河断面较新发断面距省界较远，采样时较为不便，可以考虑新发断面。在这类断面中，新发、乌塔其农场和龙头堡断面为新增断面，其中乌塔其农场断面为国控断面。从数据的获取率上分析，龙头堡的获取率低于 50%，因此应考虑删除。在第 3 类断面中大安和马克图断面虽均处在嫩江黑吉缓冲区，但分别位于不同的省份，则这两个断面均需保留。牛头山大桥、蔡家沟和板子房断面为拉林河一级支流监测断面，这三个断面距省界较远，且监测数据的代表性极差，保留一个即可，但由于板子房断面为国控断面，则应保留。在这类断面中，和平桥和牤牛河大桥断面属于新增断面。第 4 类监测断面最少，只有龙家亮子一个监测断面，设置在三岔河上，属于新增断面。第 5 类和第 6 类断面个数也相对较少，对于第 5 类监测断面来讲，嫩江浮桥和塔虎城渡口隶属于嫩江黑吉缓冲区，断面位于不同省份，均应保留。第 6 类监测断面只有两个，分别是小莫丁和同发，其中，小莫丁为国家考核断面，同发为新增断面。分析同发断面的数据获取率极低，所在的霍林河经常出现断流现象，故应删除。第 7 类断面的永安和煤窑断面均是新增的，断面的相似性极高，但是煤窑断面的数据获取率极低，同时根据与省界距离选择保留永安断面。宝泉和野马图这两个断面，虽然宝泉距省界较远，但该断面为国家考核断面，则可以考虑将这两个断面合并为野马图断面。监测断面优化结果见表 5-9。

表 5-9　监测断面优化结果

第 1 类	第 2 类	第 3 类	第 4 类	第 5 类	第 6 类	第 7 类
尼尔基大桥、金蛇湾码头、88 号照、肖家船口、向阳、振兴、牡丹江 1 号桥、同江、城子后	柳家屯、繁荣新村、鄂温克族乡、古城子、兴鲜、新发、东明、原种场、乌塔其农场、莫呼渡口、林海	拉哈、二节地、大安、马克图、松林、和平桥、板子房、牤牛河大桥	龙家亮子	嫩江浮桥、塔虎城渡口和下岱吉	小莫丁	两家子、浩特营子、永安、野马图、高力板和白沙滩

5.3　模糊聚类法的应用

　　模糊聚类分析是一种将模糊数学的概念引入到聚类分析中而逐渐形成的一种定量的多元统计聚类分析方法。由于水质监测断面在设置上并没有严格的类属性和隶属关系，各断面在属性等方面存在着一定的重叠性、交叉性，不确定的程度较大，表现出一定的中介性和"亦此亦彼"的性质，因此比较适合进行模糊划分。利用模糊聚类分析可以较为客观地反映出水质监测断面的实际情况，该方法现已成为聚类分析研究中的主流。该方法的实质是利用 MATLAB 软件，以 2015 年松花江流域省界缓冲区 50 个水质监测断面上优化后的 Cu、Se、COD、BOD_5、NH_3-N、TP 和 As 共 7 项水质监测指标的监测数据为基础，根据各水质监测断面之间的相似度及自身属性来构造模糊矩阵，并根据一定的隶属度，采用适宜的聚类方式来确定各监测断面之间的亲疏关系，即定量确定其模糊关系，从而客观、准确地进行聚类。

5.3.1　确定分类对象及标准化样本数据

　　由上述 50 个监测断面的 7 项监测项目构成一个集合，则 $U = (u_1, u_2, u_3, \cdots, u_{50})$，每个监测断面由 7 项特征指标描述，即可以组成一个 7×50 的矩阵，表示对上述 50 个水质监测断面进行分类。但不同监测项目数据的单位和绝对大小的不同，导致各监测项目之间不具有可比性，因此，需将上述原始数据进行标准化处理，采用平移-标准差和平移-极差变换的方法，将原数据转化为无量纲的污染指数值，得到初步变换后的评价样本，利用上述方法进行标准化处理后，可得到初始化数据矩阵，如表 5-10 所示。

表 5-10　初始化数据矩阵

编号	监测断面	COD	BOD$_5$	NH$_3$-N	TP	Cu	Se	As
1	加西	0.2577	0.1667	0.1716	0.0465	0.0625	0.1429	0.0000
2	白桦下	0.0000	0.1000	0.0414	0.0698	0.0625	0.1429	0.0000
3	柳家屯	0.0000	0.3167	0.0667	0.2791	0.0417	0.1429	0.0769
4	石灰窑	0.8763	0.0833	0.0572	0.0465	0.0625	0.1429	0.0375
5	嫩江浮桥	0.2784	0.2667	0.0000	0.0930	0.8750	0.1429	0.1520
6	繁荣新村	0.2990	0.2333	0.0536	0.0698	0.0417	0.1429	0.0882
7	尼尔基大桥	0.5979	0.2333	0.1420	0.0465	0.0000	0.1429	0.1032
8	小莫丁	0.7320	0.2000	0.1949	0.0465	0.0000	0.1500	1.0000
9	拉哈	0.4433	0.3167	0.1783	0.1163	0.0000	0.1429	0.1350
10	鄂温克族乡	0.2577	0.2167	0.0690	0.0698	0.0625	0.1429	0.0000
11	古城子	0.1082	0.2333	0.1191	0.0930	0.0000	0.1429	0.1013
12	萨马街	0.1031	0.2000	0.0493	0.0930	0.0625	0.1429	0.0000
13	兴鲜	0.0052	0.1667	0.1870	0.1860	0.0000	0.1429	0.0544
14	新发	0.0670	0.1333	0.1270	0.3023	0.0000	0.1429	0.1107
15	大河	0.1031	0.2333	0.0493	0.0698	0.0625	0.1429	0.0000
16	二节地	0.2320	0.1667	0.1590	0.3023	0.0417	0.1500	0.1463
17	金蛇湾码头	0.4021	0.1500	0.1329	0.3256	0.4167	0.1429	0.2176
18	东明	0.1495	0.1167	0.0994	0.1628	0.0417	0.1429	0.1144
19	原种场	0.0505	0.2167	0.0292	0.0930	0.0625	0.1429	0.0000
20	两家子水文站	0.6186	0.0667	0.1085	0.0000	1.0000	0.5000	0.0563
21	乌塔其农场	0.3093	0.2333	0.0335	0.0698	0.0625	0.1429	0.0000
22	莫呼渡口	0.2577	0.1500	0.0690	0.0930	0.0625	0.1429	0.0000
23	江桥	0.4124	0.2000	0.1203	0.1163	0.0625	0.1429	0.0000
24	浩特营子	0.7526	0.2333	0.0769	0.0233	1.0000	0.5000	0.1876
25	林海	0.0722	0.1833	0.0888	0.0233	1.0000	0.4286	0.1313
26	永安	0.0309	0.2500	0.0454	0.0465	1.0000	0.6429	0.0938
27	煤窑	0.2113	0.2833	0.0533	0.0000	1.0000	0.7143	0.1501
28	宝泉	0.6186	0.1167	0.0611	0.0233	1.0000	1.0000	0.1501

编号	监测断面	COD	BOD$_5$	NH$_3$-N	TP	Cu	Se	As
29	野马图	0.4381	0.1833	0.0848	0.0000	1.0000	0.7143	0.1501
30	高力板	0.4381	0.1667	0.0611	0.0465	1.0000	0.7857	0.5066
31	同发	0.8454	0.2500	0.1321	0.0000	1.0000	0.5000	0.7505
32	白沙滩	0.3454	0.2333	0.1006	0.0000	1.0000	0.5000	0.0563
33	大安	0.2784	0.2167	0.1278	0.5016	0.0625	0.1429	0.3171
34	塔虎城渡口	0.6392	0.3833	0.1400	0.0233	1.0000	0.4286	0.0938
35	马克图	0.3196	0.3333	0.1069	0.3256	0.0208	0.1429	0.3021
36	龙头堡	0.1649	0.0333	0.0256	0.2093	0.0833	0.2143	0.0000
37	松林	0.3505	0.4167	0.0572	0.1628	0.0208	0.1429	0.3265
38	下岱吉	0.3711	0.1500	0.1203	0.0233	1.0000	0.5000	0.1501
39	88 号照	0.4124	0.0333	0.2268	0.1395	0.0625	0.1429	0.0000
40	肖家船口	0.5773	0.0167	0.1321	0.1163	0.0625	0.1429	0.0000
41	和平桥	0.3093	0.4667	0.3649	0.0698	0.0625	0.1429	0.0000
42	向阳	0.2062	0.1167	0.3254	0.0465	0.0625	0.1429	0.0000
43	振兴	0.3093	0.1500	0.2110	0.1628	0.0625	0.1429	0.0000
44	牛头山大桥	0.2577	0.4500	0.2505	0.1163	0.0625	0.1429	0.0000
45	蔡家沟	0.1701	0.3833	0.3152	0.3023	0.0625	0.1571	0.4822
46	板子房	0.2113	0.2333	0.1250	0.2326	0.0208	0.1429	0.4465
47	牤牛河大桥	0.3608	0.4833	0.2387	0.0930	0.0625	0.1429	0.0000
48	龙家亮子	1.0000	1.0000	1.0000	1.0000	0.0208	0.0000	0.0750
49	牡丹江 1 号桥	0.5055	0.0667	0.1282	0.0698	0.1042	0.1429	0.0563
50	同江	0.6701	0.0000	0.2268	0.3256	0.0625	0.1429	0.0563

5.3.2 建立模糊相似关系

针对上述所得标准化后的初始化矩阵，计算得到各分类对象间的相似程度，从而建立一个模糊相似矩阵 $\boldsymbol{R}=(r_{ij})_{n \times n}$，这个求模糊相似矩阵的过程又称为标定。计算标定的方法很多，这里采用距离法来进行标定，其中，$r_{ij}=1-cd(x_i,x_j)$。根据变换后得到的标准化矩阵来计算各监测断面之间的欧氏距离，并用此来表征各水质监测断面之间的相似程度，从而建立样本间的模糊关系。欧式距离表达式中的常数 c 通过表达式 $c=\dfrac{1}{\sqrt{m}}$ 来确定，对元数据进行分析知 $m=7$，故 c 取 0.378。

5.3.3 建立模糊等价关系

通过计算各水质监测断面之间的欧氏距离而得到的模糊相似关系只具有自反性（$r_{ii}=1$）和对称性（$r_{ij}=r_{ji}$），但不具备传递性。因而不是模糊等价关系，对这种模糊相似关系直接进行上述分类显然是存在不合理性的，需采用基于模糊聚类分析的传递闭包方法进行 MATLAB 编程。采用平方法求出 R 的传递闭包 $t(R)$，经过计算可得到 $R^k=R^{2k}$，因此 R^k 就是所要求的传递闭包 $t(R)$，即最终所要的模糊等价矩阵。

5.3.4　对各监测断面进行聚类

根据上述模糊等价关系，选取不同的 λ 截集，将 λ 由 1 降至 0，分别求得 R_λ，将 R_λ 分类元素 u_i 与 u_j 归为同一类的条件是 $R_\lambda(u_i,u_j)=1$，其中，$i,j=1,2,3,\cdots,50$。根据上述结果做出样本聚类图，将 50 个水质监测断面分成若干组，并最终完成聚类分析。通过对 λ 取值，得到表 5-11 所示的最终分类结果，表中的各编号与监测断面名称相对应。

表 5-11　模糊聚类结果

分类阈值（λ）	分类个数	分类结果
0.4403	2	48；1-47、49-50
0.7012	3	8；48；1-7、9-47、49-50
0.7748	4	31；8；48；1-7、9-30、32-47、49-50
0.7861	5	5、20、24、34、25、26、27、29、32、38、28、30；12、15、19、2、11、18、1、6、10、21、22、43、23、39、42、13、14、40、49、16、36、7、9、3、41、44、47、33、35、37、46、50、45、4、17；5、20、24、34、25、26、27、29、32、38、28、30；31；8、48
0.8392	6	5、20、24、34、25、26、27、29、32、38、28、30；31；8；48；17；12、15、19、2、11、18、1、6、10、21、22、43、23、39、42、13、14、40、49、16、36、7、9、3、41、44、47、33、35、37、46、50、45、4
0.8447	7	17；5；31；8；48；20、24、34、25、26、27、29、32、38、28、30；12、15、19、2、11、18、1、6、10、21、22、43、23、39、42、13、14、40、49、16、36、7、9、3、41、44、47、33、35、37、46、50、45、4
0.8674	8	17；5；20、24、34、25、26、27、29、32、38、28；30；31；8；48；12、15、19、2、11、18、1、6、10、21、22、43、23、39、42、13、14、40、49、16、36、7、9、3、41、44、47、33、35、37、46、50、45、4
0.8726	9	17；5；20、24、34、25、26、27、29、32、38；28；30；31；8；48；12、15、19、2、11、18、1、6、10、21、22、43、23、39、42、13、14、40、49、16、36、7、9、3、41、44、47、33、35、37、46、50、45、4
0.8749	10	17；5；20、24、34、25、26、27、29、32、38；28；30；31；8；48；12、15、19、2、11、18、1、6、10、21、22、43、23、39、42、13、14、40、49、16、36、7、9、3、41、44、47、33、35、37、46、50、45；4
0.8962	11	4；17；5；20、24、34；25、26、27、29、32、38；28；30；31；8；48；12、15、19、2、11、18、1、6、10、21、22、43、23、39、42、13、14、40、49、16、36、7、9、3、41、44、47、33、35、37、46、50、45

续表

分类阈值（λ）	分类个数	分类结果
0.9013	12	45；4；17；5；28；30；31；8；48；20、24、34；25、26、27、29、32、38；12、15、19、2、11、18、1、6、10、21、22、43、23、39、42、13、14、40、49、16、36、7、9、3、41、44、47、33、35、37、46、50
0.9015	13	45；4；17；5；28；30；31；8；48；20、24、34；25、26、27、29、32、38；12、15、19、2、11、18、1、6、10、21、22、43、23、39、42、13、14、40、49、16、36、7、9、3、41、44、47、33、35、37、46；50
0.9017	14	50；45；4；17；5；20、24、34；12、15、19、2、11、18、1、6、10、21、22、43、23、39、42、13、14、40、49、16、36、7、9、3、41、44、47、33、35、37、46；28；30；31；8；48；25、26、27、29、32、38
0.9045	15	12、15、19、2、11、18、1、6、10、21、22、43、23、39、42、13、14、40、49、16、36、7、9、3、41、44、47；33、35、37、46；50；45；4；17；5；20；24、34；25、26、27、29、32、38；28；30；31；8；48
0.9088	16	12、15、19、2、11、18、1、6、10、21、22、43、23、39、42、13、14、40、49、16、36、7、9、3、41、44、47；33、35、37、46；50；45；4；17；5；20；24、34；25、26、27、29、32、38；28；30；31；8；48
0.9108	17	12、15、19、2、11、18、1、6、10、21、22、43、23、39、42、13、14、40、49、16、36、7、9、3；41、44、47；33、35、37、46；50；45；4；17；5；20；24、34；25、26、27；29、32、38；28；30；31；8；48
0.9111	18	12、15、19、2、11、18、1、6、10、21、22、43、23、39、42、13、14、40、49、16、36、7、9、3；41、44、47；33、35、37、46；50；45；4；17；5；20；24、34；25；26、27；29、32、38；28；30；31；8；48
0.9135	19	12、15、19、2、11、18、1、6、10、21、22、43、23、39、42、13、14、40、49、16、36、7、9、3；41、44、47；33；35、37、46；50；45；4；17；5；20；24、34；25；26、27；29、32、38；28；30；31；8；48
0.9136	20	12、15、19、2、11、18、1、6、10、21、22、43、23、39、42、13、14、40、49、16、36、7、9、3；41、44、47；33；35、37、46；50；45；4；17；5；20；24、34；25；26、27；29、32、38；28；30；31；8；48
0.9131	21	12、15、19、2、11、18、1、6、10、21、22、43、23、39、42、13、14、40、49、16、36、7、9、3；41、44、47；33；35、37；46；50；45；4；17；5；20；24、34；25；26、27；29、32、38；28；30；31；8；48
0.9143	22	12、15、19、2、11、18、1、6、10、21、22、43、23、39、42、13、14、40、49、16、36、7、9、3；41、44、47；33；35、37；46；50；45；4；17；5；20；24、34；25；26、27；29、32、38；28；30；31；8；48
0.9188	23	12、15、19、2、11、18、1、6、10、21、22、43、23、39、42、13、14、40、49、16、36、7、9；3；41、44、47；33；35、37；46；50；45；4；17；5；20；24、34；25；26、27；29、32、38；28；30；31；8；48
0.9202	24	12、15、19、2、11、18、1、6、10、21、22、43、23、39、42、13、14、40、49、16、36、7；9；3；41、44、47；33；35、37；46；50；45；4；17；5；20；24、34；25；26、27；29、32、38；28；30；31；8；48

续表

分类阈值（λ）	分类个数	分类结果
0.9214	25	12、15、19、2、11、18、1、6、10、21、22、43、23、39、42、13、14、40、49、16、36、7、9、3；41、44、47；33；35；37；46；50；45；4；17；5；20；24；34；25；26；27；29；32、38；28；30；31；8；48
0.9212	26	12、15、19、2、11、18、1、6、10、21、22、43、23、39、42、13、14、40、49、16、36、7、9、3；41、44、47；33；35；37；46；50；45；4；17；5；20；24；34；25；26；27；29；32、38；28；30；31；8；48
0.9244	27	12、15、19、2、11、18、1、6、10、21、22、43、23、39、42、13、14、40、49、16、36、7、9、3；41、44、47；33；35；37；46；50；45；4；17；5；20；24；34；25；26；27；29；32、38；28；30；31；8；48
0.9301	28	12、15、19、2、11、18、1、6、10、21、22、43、23、39、42、13、14、40、49、16、36、7、9、3；41、44、47；33；35；37；46；50；45；4；17；5；20；24；34；25；26；27；29；32、38；28；30；31；8；48
0.9342	29	12、15、19、2、11、18、1、6、10、21、22、43、23、39、42、13、14；40、49；16；36；7；9；3；41、44、47；33；35；37；46；50；45；4；17；5；20；24；34；25；26；27；29；32、38；28；30；31；8；48
0.9343	30	12、15、19、2、11、18、1、6、10、21、22、43、23、39、42；13、14；40、49；16；36；7；9；3；41、44、47；33；35；37；46；50；45；4；17；5；20；24；34；25；26；27；29；32、38；28；30；31；8；48
0.9345	31	12、15、19、2、11、18、1、6、10、21、22、43、23、39、42；13；14；40、49；16；36；7；9；3；41、44、47；33；35；37；46；50；45；4；17；5；20；24；34；25；26；27；29；32、38；28；30；31；8；48
0.9376	32	12、15、19、2、11、18、1、6、10、21、22、43、23、39；42；13；14；40、49；16；36；7；9；3；41、44、47；33；35；37；46；50；45；4；17；5；20；24；34；25；26；27；29；32、38；28；30；31；8；48
0.4079	34	12、15、19、2、11、18、1、6、10、21、22、43、23、39；42；13；14；40、49；16；36；7；9；3；41、44、47；33；35；37；46；50；45；4；17；5；20；24；34；25；26；27；29；32、38；28；30；31；8；48
0.9413	35	12、15、19、2、11；18；1、6、10、21、22、43、23、39；42；13；14；40、49；16；36；7；9；3；41、44、47；33；35；37；46；50；45；4；17；5；20；24；34；25；26；27；29；32、38；28；30；31；8；48
0.9453	36	12、15、19、2、11；18；1、6、10、21、22、43；23、39；42；13；14；40、49；16；36；7；9；3；41、44、47；33；35；37；46；50；45；4；17；5；20；24；34；25；26；27；29；32、38；28；30；31；8；48
0.9487	37	12、15、19、2；11；18；1、6、10、21、22、43；23、39；42；13；14；40、49；16；36；7；9；3；41、44、47；33；35；37；46；50；45；4；17；5；20；24；34；25；26；27；29；32、38；28；30；31；8；48
0.9501	38	12、15、19、2；11；18；1、6、10、21、22；43；23、39；42；13；14；40、49；16；36；7；9；3；41、44、47；33；35；37；46；50；45；4；17；5；20；24；34；25；26；27；29；32、38；28；30；31；8；48

分类阈值（λ）	分类个数	分类结果
0.9501	39	12、15、19、2；11；18；1、6、10、21、22；43；23；39；42；13；14；40、49；16；36、7；9；3；41；44、47；33；35；37；46；50；45；4；17；5；20；24；34；25；26；27；29；32；38；28；30；31；8；48
0.9505	40	12、15、19、2；11；18；1、6、10、21、22；43；23；39；42；13；14；40、49；16；36、7；9；3；41；44、47；33；35；37；46；50；45；4；17；5；20；24；34；25；26；27；29；32；38；28；30；31；8；48
0.9573	41	12、15、19、2；11；18；1、6、10、21、22；43；23；39；42；13；14；40、49；16；36、7；9；3；41；44、47；33；35；37；46；50；45；4；17；5；20；24；34；25；26；27；29；32；38；28；30；31；8；48
0.9582	42	12、15、19、2；11；18；1、6、10、21、22；43；23；39；42；13；14；40、49；16；36、7；9；3；41；44、47；33；35；37；46；50；45；4；17；5；20；24；34；25；26；27；29；32；38；28；30；31；8；48
0.9591	43	12、15、19、2；11；18；1；6、10、21、22；43；23；39；42；13；14；40、49；16；36、7；9；3；41；44、47；33；35；37；46；50；45；4；17；5；20；24；34；25；26；27；29；32；38；28；30；31；8；48
0.9599	44	12、15、19、2；11；18；1；6、10、21、22；43；23；39；42；13；14；40、49；16；36、7；9；3；41；44；47；33；35；37；46；50；45；4；17；5；20；24；34；25；26；27；29；32；38；28；30；31；8；48
0.9648	45	12、15、19、2；11；18；1；6；10、21、22；43；23；39；42；13；14；40、49；16；36、7；9；3；41；44；47；33；35；37；46；50；45；4；17；5；20；24；34；25；26；27；29；32；38；28；30；31；8；48
0.9673	46	12、15、19、2；11；18；1；6；10、21；22；43；23；39；42；13；14；40、49；16；36、7；9；3；41；44；47；33；35；37；46；50；45；4；17；5；20；24；34；25；26；27；29；32；38；28；30；31；8；48
0.9743	47	12、15、19、2；11；18；1；6；10；21；22；43；23；39；42；13；14；40、49；16；36、7；9；3；41；44；47；33；35；37；46；50；45；4；17；5；20；24；34；25；26；27；29；32；38；28；30；31；8；48
0.9753	48	12、15；19、2；11；18；1；6；10；21；22；43；23；39；42；13；14；40、49；16；36、7；9；3；41；44；47；33；35；37；46；50；45；4；17；5；20；24；34；25；26；27；29；32；38；28；30；31；8；48
0.9782	49	12、15；19；2；11；18；1；6；10；21；22；43；23；39；42；13；14；40、49；16；36；7；9；3；41；44；47；33；35；37；46；50；45；4；17；5；20；24；34；25；26；27；29；32；38；28；30；31；8；48
0.9841	50	12；15；19；2；11；18；1；6；10；21；22；43；23；39；42；13；14；40；49；16；36；7；9；3；41；44；47；33；35；37；46；50；45；4；17；5；20；24；34；25；26；27；29；32；38；28；30；31；8；48

　　得到的动态模糊聚类图如图 5-1 所示，这里为了方便画图和分析，将纵坐标的数值改为 $1-\lambda$，横坐标不变。

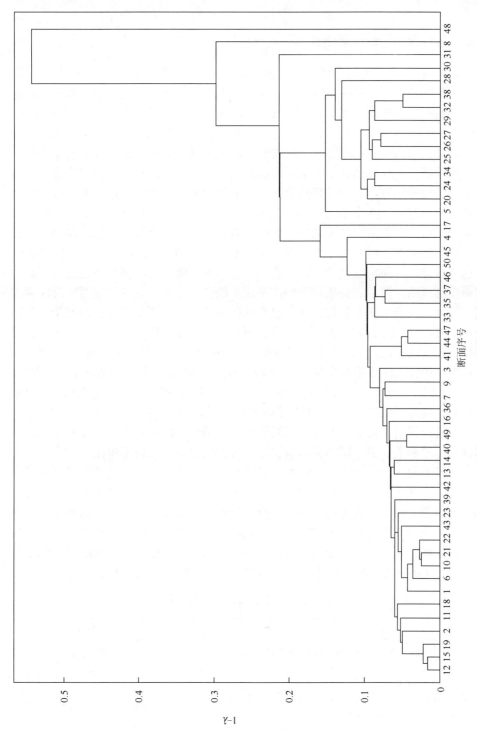

图 5-1　动态模糊聚类图

5.3.5　模糊聚类评价结果分析

通过对 50 个水质监测断面进行模糊聚类分析,分类结果见表 5-11,得出在取不同 λ 值时各断面的分类情况。λ 由大到小表示的是水质监测断面分类数的由多到少。λ 从 0.4403 到 0.9841,上述 50 个水质监测断面的分类数变化是从 2 到 50。在图 5-1 中,1–λ 的坐标轴由下往上,越早聚为一类的两个监测断面,相似度越大。萨马街、大河、原种场三个监测断面较为相似,在 λ 为 0.9743 时就相聚在一起,由于萨马街断面所在水功能区面积较大,建议保留萨马街。鄂温克族乡和乌塔其农场较为相似,其中乌塔其农场为国家考核断面,所以鄂温克族乡可删除。莫呼渡口虽与以上两个断面的相似度极高,但三者处于不同河流,因此保留该断面。和平桥、牛头山大桥和牤牛河大桥三者监测断面性质较为相似,其中,牛头山大桥和牤牛河大桥监测断面分别位于入松花江河口和入拉林河河口,因断面位置的特殊性,可保留这两个断面,将和平桥断面删除。白沙滩和下岱吉两断面的相似度也极高,但二者分别位于嫩江干流和松花江干流,这两个断面所反映的水质信息分别代表不同的流域,具有较高的代表性,因此不能删除。肖家船口和牡丹江 1 号桥相似度较高,但是二者均为国家重点考核断面。其中牡丹江 1 号桥断面位置是入镜湖泊口,应为重点监测断面。而肖家船口断面位于山河镇公路桥上,其位置不如牡丹江 1 号桥重要,虽为新增国家考核断面,但也应考虑删除。大安、马克图、松林、板子房四个监测断面是通过 K-均值聚类分析所保留断面,其中板子房和松林为国家考核断面,且位于松花江干流入河口,但因断面所在河流不同,故考虑后均保留,而大安和马克图断面与白沙滩断面所属功能区和断面均相同,综合白沙滩和下岱吉断面的保留情况,可将大安和马克图断面删除。

通过采用 K-均值聚类分析和模糊聚类分析两种方法对水质监测断面进行优化分析,弥补了选用单一聚类分析方法的不足,极大程度上降低了主观因素的干扰,使监测断面的优化分析结果更具有科学性、准确性、可行性。同时采用上述两种聚类分析方法所得到的 2015 年松花江流域省界缓冲区内松花江、第二松花江、嫩江和绥芬河 4 条主要河流 50 个水质监测断面的最终优化结果如表 5-12 所示。最终优化断面个数为 32 个,其中新增断面个数为 6 个,删除断面个数为 18 个。

表 5-12　监测断面最终优化结果

最终监测断面	新增断面	删除断面
尼尔基大桥、金蛇湾码头、88 号照、向阳、振兴、牡丹江 1 号桥、同江、柳家屯、繁荣新村、古城子、兴鲜、新发、东明、乌塔其农场、莫呼渡口、林海、拉哈、二节地、松林、板子房、牤牛河大桥、龙家亮子、嫩江浮桥、塔虎城渡口、下岱吉、小莫丁、两家子水文站、浩特营子、永安、野马图、高力板、白沙滩	永安、新发、龙头堡、牤牛河大桥、龙家亮子、小莫丁	大河、原种场、鄂温克族乡、肖家船口、和平桥、大安、马克图、萨马街、龙头堡、石灰窑、江桥、加西、白桦下、蔡家沟、牛头山、同发、煤窑、石灰窑

5.4　本 章 小 结

对水质监测断面采用 K-均值聚类分析和模糊聚类分析两种方法进行优化分析，有助于分析各水质监测断面之间的相互关系，明确不同类别监测断面的监控性质，真正实现优化水质监测断面的目的。利用 K-均值聚类分析，可以得到松花江流域省界缓冲区水质监测断面所属类别，将 4 条主要河流上的 50 个水质监测断面划分为 7 类，并对每一类别中的监测断面进行优化分析，基本上实现了对监测断面的删除、合并和新增。经过优化后，根据松花江流域省界缓冲区原来的 50 个监测断面的自然地理位置等自然属性和监测指标优选原则，将监测断面优选为 39 个，删除 11 个重复水质监测断面，大大减小了水质监测的工作量，节约了监测费用。

采用 MATLAB 软件再次对松花江流域省界缓冲区水质监测断面进行模糊聚类分析，对 λ 在 0~1 范围内取不同的值，将上述 50 个监测断面分为 2~50 类，从得到的动态模糊聚类图中可以分析出各断面之间相似性的大小，结合水质监测断面的优选原则，从而确定各水质监测断面的取舍，再次对断面优化结果进行筛选，最终的分类结果是四条主要河流上的 50 个水质监测断面优化为 32 个，其中新增 6 个，删除 18 个。两种分类方法的结合使用在一定程度上克服了以往仅凭经验对断面的优化，尽可能地消除了优化中过于依赖主观分析的不合理因素。这两类优化分类方法的综合使用以及优化结果为松花江流域省界缓冲区水质监测断面的优化提供了客观分析的依据和理论指导，大大提高了水质监测点优化的准确性和工作效率。

第 6 章　物元分析法

物元分析理论是中国学者蔡文 1983 年提出的一门新理论。物元分析法是研究解决矛盾问题规律的方法，它可以将复杂问题抽象为形象化的模型，并应用这些模型研究基本理论，提出相应的应用方法。利用物元分析方法，可以建立事物多指标性能参数的质量评定模型，并能以定量的数值表示评定结果，从而能够较完整地反映事物质量的综合水平（蔡文，1994）。在水质评价领域，应用物元分析法对水质进行综合评价的基本思想是：根据各项水质指标和各水质类别的浓度限制，建立经典域物元矩阵；根据各水质指标的实测浓度建立节域物元矩阵，然后建立各水质指标对不同水质类别的关联函数，根据其值大小确定水体的综合水质类别。物元分析法与模糊评价法、灰色评价法同属不确定分析方法，它们分别从模糊性、灰色关联性以及多指标间的不相容角度描述流域水环境质量归属。

6.1　概　　述

物元分析理论包括物元理论和可拓集合两部分：基于物元分析理论，建立反映事物名称、特征和量值的物元，应用物元变换，化矛盾问题为相容问题；基于可拓集合，把解决矛盾问题的过程定量化，建立解决矛盾问题的过程定量化的数学工具。基于物元分析理论的综合水质评价步骤是：建立物元模型，包括各水质类别的经典域物元矩阵、各评价指标最大值的节域物元矩阵、评价样本的待评物元矩阵；计算各水质指标对各水质类别的关联度，确定各水质指标对各水质类别的权重，计算综合水质对各水质类别的关联度；基于综合关联度判断综合水质类别（何敏和张建强，2013）。

6.1.1　物元的确定

物元理论以有序三元组 $R_M = (M, c, v)$ 作为描述事物的基本单元，称 $R_M = (M, c, v)$ 为物元。其中，M 表示事物；c 表示事物的特征；v 表示量值。在水环境水质综合评价中，需要确定三个物元集，分别是经典域对象物元矩阵、节域对象物元矩阵、待评物元矩阵。

经典域对象物元矩阵：

$$\boldsymbol{R}_j = \begin{bmatrix} c_1 & v_{1j} \\ c_2 & v_{2j} \\ \vdots & \vdots \\ c_n & v_{nj} \end{bmatrix} \qquad (6\text{-}1)$$

节域对象物元矩阵：

$$\boldsymbol{R}_P = \begin{bmatrix} c_1 & v_{1p} \\ c_2 & v_{2p} \\ \vdots & \vdots \\ c_n & v_{np} \end{bmatrix} \qquad (6\text{-}2)$$

待评物元矩阵：

$$\boldsymbol{R}_0 = \begin{bmatrix} c_1 & v_1 \\ c_2 & v_2 \\ \vdots & \vdots \\ c_n & v_n \end{bmatrix} \qquad (6\text{-}3)$$

式中，$\boldsymbol{R}_j$、$\boldsymbol{R}_p$、$\boldsymbol{R}_0$ 分别代表第 j 类水质的经典域物元矩阵、所有水质类别的全体构成的节域物元矩阵、待评物元矩阵；c_i 代表第 i 项水质指标；v_{ij}、v_{ip}、v_i 分别代表第 i 项水质指标第 j 类水质的取值范围、第 i 项水质指标总体指标取值范围、第 i 项指标实测值。

6.1.2　关联度的确定

计算各水质指标对各水质类别的关联度，如下所示：

$$K_j(v_i) = \begin{cases} -\dfrac{\rho(v_i, v_{ij})}{|v_{ij}|}, & v_i \in v_{ij} \\[4mm] \dfrac{\rho(v_i, v_{ij})}{\rho(v_i, v_{iP}) - \rho(v_i, v_{ij})}, & v_i \notin v_{ij} \end{cases} \qquad (6\text{-}4)$$

$$\rho(v_i, v_{ij}) = |v_i - 0.5(a+b)| - 0.5(b-a) \qquad (6\text{-}5)$$

式中，$K_j(v_i)$ 是第 i 项水质指标对第 j 类水质的关联度；$\rho(v_i, v_{ij})$ 代表 v_i 和 v_{ij} 的距离；a、b 分别是某一水质类别的上限、下限。

6.1.3　计算权系数

确定各水质指标对各水质类别的权重，计算综合水质对各水质类别的关联度。为了使权重系数更符合实际情况，需要对原始数据进行标准化处理：

$$a_{ij} = \dfrac{v_{ij}}{\displaystyle\sum_{i=1}^{n} v_{ij}} \qquad (6\text{-}6)$$

6.1.4　水质类别的确定

求总关联度：

$$K_j(M) = \sum_{i=1}^{n} a_{ij} K_j(v_i) \qquad (6\text{-}7)$$

$K_j(M) \geqslant 0$ 时，完全符合被评价的类别，最大值对应的水质类别即为水质评价结果；$-1 \leqslant K_j(M) < 0$ 时，基本符合被评价的类别，最大值对应的水质类别即为水质评价结果；$K_j(M) < -1$ 时，不符合被评价的类别，为劣 V 类水质。

6.2　物元分析法的应用

6.2.1　选取监测样本

选取松花江流域省界缓冲区水质监测断面共 44 个，见表 6-1。

表 6-1　松花江流域省界缓冲区选取界面

序号	断面	序号	断面
1	加西	23	江桥
2	白桦下	24	浩特营子
3	柳家屯	25	林海
4	石灰窑	26	白沙滩
5	嫩江浮桥	27	大安
6	繁荣新村	28	塔虎城渡口
7	尼尔基大桥	29	马克图
8	小莫丁	30	龙头堡
9	拉哈	31	松林
10	鄂温克族乡	32	下岱吉
11	古城子	33	88 号照
12	萨马街	34	肖家船口
13	兴鲜	35	和平桥
14	新发	36	向阳
15	大河	37	振兴
16	二节地	38	牛头山大桥
17	金蛇湾码头	39	蔡家沟
18	东明	40	板子房
19	原种场	41	牤牛河大桥
20	两家子水文站	42	龙家亮子
21	乌塔其农场	43	牡丹江 1 号桥
22	莫呼渡口	44	同江

　　根据实际测量的水质数据，选取化学需氧量、五日生化需氧量、氨氮、总磷、铜 5 项水质指标作为松花江流域省界缓冲区水质评价指标。为了更全面地体现 2015 年间 44 个断面的水质变化情况，选取两个特征明显的时间节点作为水质评价节点：冰封期与非冰封期。冰封期选取 1 月、2 月数据均值，非冰封期选取 6～8 月数据均值，分别对松花江流域省界缓冲区冰封期与非冰封期水质进行分析，如表 6-2、表 6-3 所示。

表 6-2　冰封期水质实测数据均值　　　　　　　　（单位：%）

断面	化学需氧量	五日生化需氧量	氨氮	总磷	铜
加西	10.000	1.500	0.061	0.025	0.000
白桦下	10.000	1.500	0.077	0.015	0.000
柳家屯	10.250	2.000	0.373	0.060	0.009
石灰窑	12.500	1.700	0.140	0.020	0.000
嫩江浮桥	10.000	2.000	0.639	0.045	0.009
繁荣新村	10.000	2.000	0.612	0.085	0.000
尼尔基大桥	17.950	2.300	0.448	0.080	0.000
小莫丁	14.900	2.300	0.241	0.045	0.009
拉哈	10.000	2.050	0.729	0.045	0.009
鄂温克族乡	16.500	2.350	0.315	0.045	0.000
古城子	10.000	2.000	0.368	0.035	0.009
萨马街	10.000	1.750	0.084	0.040	0.000
兴鲜	10.000	2.000	0.730	0.025	0.009
新发	10.000	2.000	0.495	0.030	0.009
大河	11.500	1.450	0.140	0.020	0.000
二节地	10.000	2.000	0.671	0.130	0.009
金蛇湾码头	10.000	2.000	0.549	0.110	0.009
东明	10.000	2.000	0.700	0.020	0.000
原种场	10.000	1.550	0.084	0.040	0.000
两家子水文站	12.770	3.664	0.196	0.041	0.050
乌塔其农场	10.000	1.100	0.142	0.030	0.000
莫呼渡口	14.500	1.700	0.670	0.035	0.000
江桥	13.000	2.450	0.660	0.040	0.000
浩特营子	13.650	3.215	0.654	0.086	0.050
林海	11.720	2.815	0.828	0.079	0.050
白沙滩	21.820	3.654	1.218	0.045	0.050
大安	17.350	3.100	0.716	0.070	0.000
塔虎城渡口	17.640	3.346	0.931	0.043	0.050
马克图	14.350	2.600	1.387	0.110	0.009
龙头堡	10.000	2.100	0.100	0.012	0.008
松林	16.100	2.850	2.194	0.170	0.009
下岱吉	20.160	3.917	1.594	0.071	0.050
88 号照	13.000	1.350	0.867	0.080	0.000

续表

断面	化学需氧量	五日生化需氧量	氨氮	总磷	铜
肖家船口	28.422	4.131	1.490	0.295	0.005
和平桥	15.500	2.100	2.100	0.045	0.000
向阳	14.000	1.850	0.660	0.025	0.000
振兴	16.000	2.050	1.970	0.060	0.000
牛头山大桥	16.500	2.450	2.505	0.155	0.000
蔡家沟	11.900	2.400	1.418	0.170	0.009
板子房	10.900	2.200	1.628	0.125	0.009
牤牛河大桥	15.500	1.350	0.610	0.050	0.000
龙家亮子	30.904	6.846	11.925	0.796	0.001
牡丹江1号桥	16.500	1.650	0.290	0.025	0.000
同江	20.500	1.600	1.280	0.075	0.007

表 6-3　非冰封期水质实测数据均值

断面	化学需氧量	五日生化需氧量	氨氮	总磷	铜
加西	20.000	1.933	0.450	0.030	0.005
白桦下	14.000	1.467	0.303	0.033	0.005
柳家屯	13.967	2.633	0.350	0.090	0.004
石灰窑	23.000	1.200	0.153	0.033	0.005
嫩江浮桥	19.033	2.600	0.251	0.060	0.021
繁荣新村	17.267	2.467	0.364	0.063	0.004
尼尔基大桥	19.067	2.200	0.492	0.103	0.018
小莫丁	21.133	2.067	0.483	0.090	0.018
拉哈	17.900	2.767	0.512	0.180	0.005
鄂温克族乡	16.667	2.300	0.393	0.047	0.005
古城子	17.233	2.667	0.174	0.133	0.025
萨马街	14.667	2.033	0.323	0.047	0.005
兴鲜	13.033	1.867	0.399	0.210	0.005
新发	13.167	1.900	0.359	0.123	0.002
大河	14.667	1.800	0.223	0.033	0.005
二节地	13.267	2.067	0.273	0.167	0.004
金蛇湾码头	14.933	1.833	0.306	0.127	0.009
东明	13.033	1.533	0.214	0.140	0.003
原种场	11.333	2.067	0.253	0.047	0.005
两家子水文站	15.600	2.346	0.231	0.059	0.050
乌塔其农场	14.333	2.167	0.230	0.040	0.005
莫呼渡口	16.000	1.967	0.257	0.047	0.005
江桥	18.667	2.067	0.373	0.047	0.005
浩特营子	16.900	2.448	0.238	0.044	0.050
林海	11.233	2.037	0.202	0.042	0.050

续表

断面	化学需氧量	五日生化需氧量	氨氮	总磷	铜
白沙滩	15.255	2.576	0.279	0.032	0.050
大安	17.400	2.433	0.314	0.240	0.004
塔虎城渡口	17.011	2.277	0.277	0.040	0.050
马克图	15.900	3.033	0.294	0.157	0.024
龙头堡	12.700	0.900	0.163	0.109	0.006
松林	17.167	3.233	0.250	0.107	0.003
下岱吉	15.133	1.959	0.367	0.034	0.050
88 号照	18.333	0.807	0.473	0.097	0.005
肖家船口	16.907	0.758	0.346	0.042	0.005
和平桥	15.667	1.667	0.600	0.057	0.005
向阳	15.000	1.100	0.563	0.060	0.005
振兴	15.333	1.533	0.680	0.117	0.005
牛头山大桥	14.667	2.423	0.730	0.167	0.005
蔡家沟	18.033	3.267	0.884	0.180	0.006
板子房	15.200	2.267	0.341	0.200	0.008
牤牛河大桥	16.333	2.000	0.561	0.117	0.005
龙家亮子	26.985	5.168	2.864	0.365	0.003
牡丹江 1 号桥	21.333	1.500	0.313	0.047	0.011
同江	20.000	1.000	0.643	0.113	0.005

6.2.2　确定物元矩阵

根据《地表水环境质量标准》（GB 3838—2002）确定 5 项监测指标的标准值，见表 6-4。

表 6-4　水质指标评价标准　　　　　　　　（单位：mg/L）

水质指标	I 类	II 类	III类	IV类	V 类
化学需氧量	15	15	20	30	40
五日生化需氧量	3	3	4	6	10
氨氮	0.15	0.5	1	1.5	2
总磷	0.02	0.1	0.2	0.3	0.4
铜	0.01	1	1	1	1

经典域物元矩阵为

$$\text{I 类：} \boldsymbol{R}_1 = \begin{bmatrix} \text{COD} & (0,15) \\ \text{BOD}_5 & (0,3) \\ \text{NH}_3\text{-N} & (0,0.15) \\ \text{TP} & (0,0.02) \\ \text{Cu} & (0,0.01) \end{bmatrix} \qquad \text{II 类：} \boldsymbol{R}_2 = \begin{bmatrix} \text{COD} & (15,15) \\ \text{BOD}_5 & (3,3) \\ \text{NH}_3\text{-N} & (0.15,0.5) \\ \text{TP} & (0.02,0.1) \\ \text{Cu} & (0.01,1) \end{bmatrix}$$

$$
三类：R_3 = \begin{bmatrix} COD & (15,20) \\ BOD_5 & (3,4) \\ NH_3\text{-}N & (0.5,1) \\ TP & (0.1,0.2) \\ Cu & (1,1) \end{bmatrix} \qquad 四类：R_4 = \begin{bmatrix} COD & (20,30) \\ BOD_5 & (4,6) \\ NH_3\text{-}N & (1,1.5) \\ TP & (0.2,0.3) \\ Cu & (1,1) \end{bmatrix}
$$

$$
五类：R_5 = \begin{bmatrix} COD & (30,40) \\ BOD_5 & (6,10) \\ NH_3\text{-}N & (1.5,2) \\ TP & (0.3,0.4) \\ Cu & (1,1) \end{bmatrix}
$$

节域物元矩阵与待评物元矩阵本章不再一一列出。

6.2.3 计算权系数

为计算各项评价指标与各水质类别的关联度，首先比较各评价指标的实测数据均值，如表 6-5 所示。

表 6-5　评价数据比较

水质指标	I 类	II 类	III 类	IV 类	V 类
化学需氧量	（0，15）	（15，15）	（15，20）	（20，30）	（30，40）
五日生化需氧量	（0，3）	（3，3）	（3，4）	（4，6）	（6，10）
氨氮	（0，0.15）	（0.15，0.5）	（0.5，1）	（1，1.5）	（1.5，2）
总磷	（0，0.02）	（0.02，0.1）	（0.1，0.2）	（0.2，0.3）	（0.3，0.4）
铜	（0，0.01）	（0.01，1）	（1，1）	（1，1）	（1，1）

计算得出各评价指标对 I～V 类水的关联度，如表 6-6 所示。

表 6-6　评价断面各指标对 I～V 类水的关联度

水质指标	I 类	II 类	III 类	IV 类	V 类
化学需氧量	0.75	0	0.25	0.5	0.5
五日生化需氧量	0.6	0	0.2	0.4	0.8
氨氮	0.15	0.35	0.5	0.5	0.5
总磷	0.1	0.4	0.5	0.5	0.5
铜	0.02	1.98	0	0	0

根据式（6-4）、式（6-5）确定各个样本的关联度后，将水质指标数值进行标准化，利用公式（6-6）确定水质指标的权重，见表 6-7。

表 6-7 各水质指标在不同水质类别的权系数

评价指标	I 类	II 类	III 类	IV 类	V 类
化学需氧量	0.46	0.00	0.17	0.26	0.22
五日生化需氧量	0.37	0.00	0.14	0.21	0.35
氨氮	0.09	0.13	0.34	0.26	0.22
总磷	0.06	0.15	0.34	0.26	0.22
铜	0.01	0.73	0.00	0.00	0.00

6.2.4 松花江流域省界缓冲区水质评价

对松花江流域省界缓冲区 44 个断面在 2015 年冰封期、非冰封期的水质数据进行水质类别判别，得到松花江流域省界缓冲区水质评价结果，见表 6-8、表 6-9、图 6-1。

表 6-8 物元分析计算结果（冰封期）

断面	I 类	II 类	III 类	IV 类	V 类	水质类别
加西	0.37	-0.79	-0.69	-0.74	-0.81	I
白桦下	0.40	-0.82	-0.71	-0.75	-0.82	I
柳家屯	0.21	0.05	-22	-0.58	-0.71	I
石灰窑	0.24	-0.73	-0.61	-0.68	-0.78	I
嫩江浮桥	0.22	-0.05	-0.20	-0.54	-0.69	I
繁荣新村	0.21	-0.06	-0.08	-0.49	-0.66	I
尼尔基大桥	-0.04	-0.02	-0.07	-0.42	-0.61	II
小莫丁	0.04	0.01	-0.40	-0.56	-0.69	I
拉哈	0.21	-0.06	-0.13	-0.51	-0.67	I
鄂温克族乡	-0.01	-0.62	-0.30	-0.52	-0.67	I
古城子	0.23	0.00	-0.42	-0.62	-0.73	I
萨马街	22	-0.75	-0.61	-0.70	-0.78	I
兴鲜	0.23	-0.09	-0.61	-0.54	-0.69	I
新发	0.23	-0.05	-0.35	-0.59	-0.72	I
大河	0.29	-0.73	-0.64	-0.71	-0.80	I
二节地	0.21	-0.13	0.12	-0.42	-0.62	I
金蛇湾码头	0.21	-0.10	-0.04	-0.47	-0.65	I
东明	0.24	-0.10	-0.24	-0.55	-0.70	I
原种场	0.35	-0.75	-0.62	-0.71	-0.80	I
两家子水文站	-0.03	0.08	-0.39	-0.53	-0.64	II
乌塔其农场	0.28	-0.71	-0.63	-0.73	-0.82	I
莫呼渡口	0.12	-0.72	-0.17	-0.50	-0.67	I
江桥	0.07	-0.71	-0.14	-0.47	-0.64	I

断面	Ⅰ类	Ⅱ类	Ⅲ类	Ⅳ类	Ⅴ类	水质类别
浩特营子	-0.05	0.03	0.07	-0.37	-0.56	Ⅲ
林海	0.05	0.03	0.00	-0.38	-0.57	Ⅰ
白沙滩	-0.26	0.01	-0.23	-0.06	-0.45	Ⅱ
大安	-0.13	-0.05	0.14	-22	-0.54	Ⅲ
塔虎城渡口	-0.16	0.03	-0.02	-0.29	-0.51	Ⅱ
马克图	-0.02	-0.16	-0.12	-0.21	-0.48	Ⅰ
龙头堡	0.32	-0.25	-0.68	-0.72	-0.78	Ⅰ
松林	-0.14	-0.26	-0.28	-0.52	-0.46	Ⅰ
下岱吉	-0.27	-0.01	-0.29	-0.22	-0.32	Ⅱ
88 号照	0.16	-0.73	-0.08	-0.42	-0.64	Ⅰ
肖家船口	-0.43	-0.54	-0.41	0.07	-0.15	Ⅳ
和平桥	-0.02	-0.82	-0.59	-0.68	-0.56	Ⅰ
向阳	0.12	-0.74	-0.21	-0.51	-0.68	Ⅰ
振兴	-0.03	-0.78	-0.48	-0.59	-0.49	Ⅰ
牛头山大桥	-0.12	-0.94	-0.34	-0.72	-0.63	Ⅰ
蔡家沟	0.08	-0.19	-0.10	-0.19	-0.46	Ⅰ
板子房	0.12	-0.19	-0.21	-0.38	-0.43	Ⅰ
牤牛河大桥	0.09	-0.69	-0.16	-0.50	-0.68	Ⅰ
龙家亮子	-1.21	-1.97	-4.95	-6.86	-5.08	劣Ⅴ
牡丹江 1 号桥	0.09	-0.66	-0.41	-0.59	-0.72	Ⅰ
同江	-0.01	-0.24	-0.25	-0.16	-0.54	Ⅰ

表 6-9　物元分析计算结果（非冰封期）

断面	Ⅰ类	Ⅱ类	Ⅲ类	Ⅳ类	Ⅴ类	水质类别
加西	-0.01	-22	-0.32	-0.48	-0.66	Ⅰ
白桦下	0.17	-0.28	-0.45	-0.62	-0.75	Ⅰ
柳家屯	0.02	-0.36	-0.17	-0.47	-0.63	Ⅰ
石灰窑	-0.01	-0.34	-0.58	-0.51	-0.73	Ⅰ
嫩江浮桥	-0.09	0.12	-0.29	-0.47	-0.63	Ⅱ
繁荣新村	-0.04	-0.32	-0.17	-0.46	-0.63	Ⅰ
尼尔基大桥	-0.05	0.00	0.00	-0.37	-0.59	Ⅱ
小莫丁	-0.07	0.03	-0.10	-0.35	-0.60	Ⅱ
拉哈	-0.10	-0.41	0.14	-0.25	-0.51	Ⅲ
鄂温克族乡	-0.01	-0.27	-0.23	-0.49	-0.65	Ⅰ
古城子	-0.06	-0.01	-0.05	-0.41	-0.60	Ⅱ
萨马街	0.08	-0.25	-0.35	-0.55	-0.69	Ⅰ
兴鲜	0.14	-0.38	-0.16	-0.34	-0.59	Ⅰ

续表

断面	I 类	II 类	III类	IV 类	V 类	水质类别
新发	0.13	−0.55	−0.09	−0.47	−0.65	I
大河	0.12	−0.31	−0.48	−0.61	−0.73	I
二节地	0.12	−0.43	−0.11	−0.43	−0.62	I
金蛇湾码头	0.09	−0.04	−0.10	−0.46	−0.65	I
东明	0.20	−0.52	−0.15	−0.51	−0.68	I
原种场	0.19	−0.28	−0.44	−0.61	−0.73	I
两家子水文站	0.01	0.13	−0.34	−0.53	−0.67	II
乌塔其农场	0.09	−0.30	−0.44	−0.58	−0.71	I
莫呼渡口	0.06	−0.27	−0.36	−0.56	−0.70	I
江桥	−0.01	−0.27	−0.27	−0.49	−0.66	I
浩特营子	−0.03	0.11	−22	−0.53	−0.67	II
林海	0.19	0.09	−0.49	−0.64	−0.74	I
白沙滩	−0.01	0.10	−0.40	−0.55	−0.68	II
大安	−0.05	−0.44	−0.14	−0.19	−0.53	I
塔虎城渡口	−0.01	0.11	−0.32	−0.53	−0.68	II
马克图	−0.09	0.02	0.04	−0.35	−0.55	III
龙头堡	0.15	−0.30	−0.32	−0.60	−0.75	I
松林	−0.13	−0.48	−0.04	−0.40	−0.57	III
下岱吉	0.07	0.10	−0.36	−0.56	−0.70	II
88 号照	−0.03	−0.35	−0.07	−0.46	−0.68	I
肖家船口	0.00	−0.27	−0.34	−0.59	−0.75	I
和平桥	0.09	−0.31	−0.12	−0.47	−0.66	I
向阳	0.08	−0.30	−0.18	−0.52	−0.70	I
振兴	0.11	−0.41	0.13	−0.38	−0.62	III
牛头山大桥	0.02	−0.44	0.24	−0.27	−0.53	III
蔡家沟	−0.16	−0.37	0.25	−0.12	−0.42	III
板子房	0.02	−0.14	−0.14	−22	−0.56	I
牤牛河大桥	0.03	−0.39	0.10	−0.38	−0.60	III
龙家亮子	−0.52	−0.84	−1.01	−0.72	−0.39	劣V
牡丹 1 号桥	0.01	0.11	−0.39	−0.48	−0.69	II
同江	−0.03	−0.40	0.05	−0.37	−0.62	III

　　松花江流域省界缓冲区断面水质大多为 I ～III类，水质情况总体较为良好。部分断面水质超标，其中龙家亮子断面在冰封期与非冰封期水质均达到劣V类水质标准，水质较差。除龙家亮子断面外，肖家船口冰封期达到IV类水质，其余水质断面均超过III类水质标准限值。从冰封期与非冰封期水质比较来看，松花江流域省界缓冲区非冰封期水质明显劣于冰封期水质，这一现象可能是由于松花江流域省界缓冲区水质主要污染源是农业面源污染，氮磷污染严重，需要重点关注（吴

兵等，2016）。从松花江流域省界缓冲区监测断面上下游的空间来看，从加西到原种场，多数断面水质符合Ⅰ类水质标准，而从两家子水文站到同江，松花江流域省界缓冲区断面水质较差，变化不稳定，Ⅱ～Ⅲ类水质居多，因此，松花江流域上游断面水质明显优于下游断面。

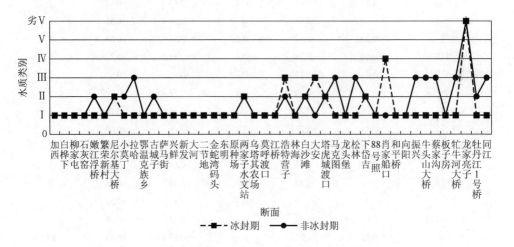

图 6-1　松花江流域省界缓冲区 2015 年水质评价等级

6.3　本　章　小　结

本章以松花江流域省界缓冲区水质评价为例，介绍了基于物元分析评价方法的应用。结果表明，采用物元分析理论开展综合水质评价，评价结果是综合水质对各水质类别的关联程度。物元分析理论模型考虑的是各评价指标对于Ⅰ～Ⅴ类水的关联度，但评价结果无法直观判断不同评价样本的综合水质污染程度大小，因此，该方法不能对劣于Ⅴ类水的情形作出进一步评价。在物元分析法中，依据单项水质指标对应某水质类别的限值与所有参与评价水质指标对应该水质类别的限值之和的比值，确定各水质指标对应某个水质类别的权重，与评价样本水质指标实测值无关。物元分析法所选择评价样本的综合评价结果，由于受到权重值选取的影响，部分评价结果可能存在不确定性。虽然可拓集合的关联函数在一定程度上能够反映这种不确定性的影响，但是仍有必要将基于物元分析理论的综合水质评价结果与其他方法得出的评价结果做进一步比较分析。由于物元分析理论复杂，对大多数不具有较深的高等数学知识背景的水质评价工作者而言，使用该方法具有一定难度。

第7章　模糊综合评价法

模糊综合评价法应用于流域水质评价，可精简大量不确定因素所导致的模糊性和不确定性，如水质指标的评价标准、水质级别的划分等。相比于其他综合评价方法，模糊综合评价法对水体模糊性的表达更加合理（谢卫平等，2013）。本章在总结水质综合评价方法的基础上，对传统的模糊综合评价法进行改进，放弃较为复杂的 AHP 确定水质因子权重的方法。本章以饮马河为例，对其水质进行模糊综合评价法的应用与研究。

7.1　概　　述

现实生活中的大多数概念都是不确定概念，不能要求对每个对象是否符合其概念作出完全肯定的回答。在符合和不符合之间，容许有中间状态，这一类概念叫做模糊概念。近 40 年，模糊数学发展十分迅速，已建立了许多分支，如模糊拓扑、模糊逻辑、模糊测度、模糊群、模糊算术、可能性理论、模糊优化理论等，其应用范围包括自动控制、系统分析、知识描述、语言加工、图像识别、信息复制、人工智能、医学诊断、经济管理、生物工程、环境科学甚至心理学、哲学等社会科学的领域（那日萨，2017）。

水环境系统存在以下特性：①水环境系统中，污染物质存在着复杂的、难以明确的相关性，在综合评价上客观存在着模糊性；②根据水的用途和环境指标来确定水质分级标准时，水质级别划分、水质标准确定具有模糊性，如Ⅰ类水和Ⅱ类水的边界客观上难以用一个绝对值划分；③由于水体质量变化是连续性的，对水体质量综合评价的结论也存在着模糊性。基于水环境系统的以上特征，国内外学者已将模糊数学理论应用于水环境质量综合评价中。应用模糊数学对水质进行综合评价的基本思想是：由监测数据建立各水质指标对各级标准的隶属度集，形成隶属度矩阵，再把评价指标的权重集与隶属度矩阵相乘，得到模糊积，获得一个综合评判集，表明评价水体水质对各级标准水质的隶属程度。

7.2　模糊综合评价法的计算方法与流程

7.2.1　确定模糊关系矩阵

首先，根据选取的评价因子与国家水质标准的限值，确定评价标准集合。在此基础上，根据隶属度函数建立模糊关系矩阵 $R=(r_{ij})_{nm}$，其中，R 表示水质评价因子与水质评价标准的模糊关系；r_{ij} 表示第 i 个评价因子对第 j 类标准的隶属度；m 表示水质评价的级别；n 表示样本的监测评价指标个数。隶属函数通用表达形式为

$$r_{ij} = \begin{cases} 0, & C_i \leqslant S_{i,j-1} \text{或} C_i \geqslant S_{i,j+1} \\ \dfrac{C_i - S_{i,j-1}}{S_{i,j} - S_{i,j-1}}, & S_{i,j-1} \leqslant C_i \leqslant S_{i,j} \\ \dfrac{S_{i,j+1} - C_i}{S_{i,j+1} - S_{i,j}}, & S_{i,j} < C_i < S_{i,j+1} \end{cases} \tag{7-1}$$

式中，C_i 为第 i 项水质因子的实测值；S_{ij} 为第 i 项水质指标第 j 类水质限值。DO的监测结果是递减数列，应对式（7-1）递增数列隶属度函数进行修改，此处不再详细列出。

7.2.2 确定权重向量

传统的 AHP 利用两两比较矩阵求得指标权重矩阵 A，其计算较为复杂，在两两比较矩阵重要度的赋予上，主观差异性较大。而传统的模糊综合评价方法是根据水质因子浓度来确定水质因子权重的，即水质因子浓度越高，因子所占权重越大，但此种方法并没有考虑不同水质因子对水质的影响敏感性以及严重性是不同的。而 AHP 或熵权法确定的权重又过于复杂，难以实现。由于《地表水环境质量标准》（GB 3838—2002）限值的梯度在一定程度上体现了水质对于该类水质因子的敏感程度，本章基于此类思想，在传统的模糊综合评价权重确定方法的基础上，引入权重修正系数 α_i，再对修正值进行归一化，进而得到指标权重矩阵 A。

将各项指标的实测值与《地表水环境质量标准》（GB 3838—2002）中的各项水质类别浓度限值的算数平均值进行比较，求得各个水质因子得分：

$$\tilde{w}_i = C_i / \overline{S}_i \tag{7-2}$$

$$\overline{S}_i = \frac{1}{m} \sum_{j=1}^{m} S_{ij} \tag{7-3}$$

对所得得分分别乘以对应水质因子的权重修正系数：

$$w_i = \alpha_i \times \tilde{w}_i, \quad i = 1, 2, \cdots, n \tag{7-4}$$

式中，$\tilde{w}_i$ 为最优两类相邻水质因子之差与最劣两类水质因子之差的比（水质因子限值之差不能为 0）；$\overline{S}_i$ 为超标倍数权重得分；w_i 为修正后的权重得分；S_{ij} 为第 i 项水质指标第 j 类水质限值；C_i 为第 i 项水质因子的实测值；i 为 m 水质类别数量。

例如 BOD 地表水质标准分是 3mg/L、3mg/L、4mg/L、6mg/L、10mg/L，其权重修正系数为

$$\alpha_{BOD} = \frac{4-3}{10-6} = 0.25 \tag{7-5}$$

某因子的修正系数是根据水质标准值来确定的，修正系数值越大，水质因子浓度的增加对于水质的总体影响越大。对权重进行归一化，得到指标权重矩阵。

$$a_i = \frac{w_i}{\sum\limits_1^n w_i} \tag{7-6}$$

7.2.3　模糊综合评价

将模糊关系矩阵与指标权重矩阵相乘，得到模糊综合评价矩阵 $B=A\cdot R$，并根据相乘取大原则对水质的类别进行评判。

7.3　模糊综合评价法的应用

7.3.1　断面布置

饮马河是第二松花江下游的主要支流，流经磐石、双阳、永吉、九台、德惠等县市，至农安县靠山镇北 1.5km 处与伊通河汇合后流入第二松花江，主要支流为伊通河、雾开河、岔路河、双阳河。全长 386.8km，流域面积 18 247km^2，河道比降 0.3‰，整个流域略成斜三角形。饮马河流域地处吉林省中部，该地域经济、工业体系发达，是东北重要的老工业基地之一，在吉林省经济社会发展中占有极其重要的地位。由于工农业的繁盛发展，饮马河水质污染问题较为突出，且污染成分复杂，影响因素繁多（沈园等，2016）。现行的单因子水质评价方法往往导致水质评价结果过于片面，影响水体的使用。因此，如何综合有效地评价饮马河水质情况是现阶段面临的主要问题。

本节选用 2011～2015 年饮马河各监测断面汛期和非汛期的实测数据进行水质评价，水质监测断面的位置为烟筒山、石头口门水库库前（一）、石头口门水库库中（二）、石头口门水库库末（三）、长岭、拉它泡、靠山屯、德惠。

7.3.2　选取评价指标

根据实测数据，选取 2011～2015 年饮马河水质中的溶解氧（DO）、高锰酸盐指数（COD$_{Mn}$）、五日生化需氧量（BOD$_5$）、氨氮（NH$_3$-N）、总磷（TP）作为本次模糊综合评价的因子，对饮马河水质进行评价。取饮马河汛期与非汛期实测数据的平均值，对其进行评价。

1. 溶解氧

水体中的溶解氧含量对于水生生物的生存、水体的自净功能等具有重要的作用。时间上，"十二五"期间饮马河各监测断面的溶解氧均呈现了先下降后升高的总体变化趋势。其中，低值出现在 2012 年、2013 年，2014 年各断面的溶解氧升高，并于次年回落至之前水平，如表 7-1 所示。

表 7-1　"十二五"期间饮马河溶解氧汛期、非汛期实测均值

（单位：mg/L）

站名	2011 年	2012 年	2013 年	2014 年	2015 年
烟筒山	7.065	7.207	6.823	8.828	8.264
石头口门水库（三）	8.784	7.330	7.093	8.769	7.192
石头口门水库（二）	8.856	7.255	7.087	8.684	7.169
石头口门水库（一）	8.777	7.326	7.103	8.769	7.315
长岭	7.260	6.519	7.428	7.401	7.690
拉它泡	4.882	3.489	6.958	8.680	7.013
靠山屯	4.768	3.093	6.159	6.844	4.916
德惠	7.271	5.845	5.516	7.959	6.236

空间上，饮马河的上游、中游断面溶解氧质量浓度相对稳定，接近于Ⅰ类水的溶解氧质量浓度标准。从长岭断面开始，溶解氧质量浓度明显下降，属于Ⅱ类水标准，下游断面（拉它泡、靠山屯、德惠）溶解氧质量浓度为 5.0mg/L 左右，属于Ⅲ类水标准。特别是 2012 年的拉它泡、靠山屯断面出现了溶解氧为零的情况，水质情况较差。但在 2013～2015 年有所改善，两断面的溶解氧质量浓度回升至 5～7mg/L，饮马河下游的水环境质量稍有改善。

2. 高锰酸盐指数

高锰酸盐指数是指在一定条件下，以高锰酸钾（$KMnO_4$）为氧化剂，处理水样时所消耗的氧化剂的量，是反映水体中有机、无机还原性物质污染程度的常用指标。

"十二五"期间，饮马河各监测断面（除靠山屯断面外）的高锰酸盐指数均呈现了较平缓的变化趋势（表 7-2），介于Ⅱ～Ⅲ类水的标准。另外，除去 2013 年、2014 年，靠山屯断面的高锰酸盐指数均为Ⅴ类水标准。空间上，饮马河的上游、中游断面高锰酸盐指数在"十二五"期间均相对稳定，为 4.0mg/L 左右，属于Ⅱ类水标准。下游断面（拉它泡、靠山屯、德惠）高锰酸盐指数升高，其中，饮马河水体的高锰酸盐指数在下游的靠山屯断面出现最大值，2015 年已超Ⅴ类水标准。

表 7-2 "十二五"期间饮马河高锰酸盐指数汛期、非汛期实测均值

（单位：mg/L）

站名	2011 年	2012 年	2013 年	2014 年	2015 年
烟筒山	3.508	4.017	2.775	3.837	4.188
石头口门水库（三）	5.251	4.283	4.559	4.668	4.334
石头口门水库（二）	5.445	4.337	4.583	4.763	4.311
石头口门水库（一）	5.162	4.341	4.625	4.656	4.375
长岭	4.459	4.546	4.624	4.577	4.009
拉它泡	5.348	6.364	5.826	5.852	6.172
靠山屯	13.750	10.675	8.105	9.649	11.587
德惠	5.752	5.594	6.039	7.637	7.911

3. 五日生化需氧量

由于高锰酸盐指数不能作为水体理论需氧量或总有机物含量的指标，因此人们常采用 BOD_5 进行辅助测定，其能相对反映出水体中微生物在降解水中有机物的过程中所消耗的氧气量。

"十二五"期间饮马河上游、中游各监测断面的 BOD_5 变化较平稳（表 7-3），仅靠山屯断面的 BOD_5 在五年内变化较大，超过劣 V 类水标准值。空间上，上游断面的烟筒山、石头口门水库的 BOD_5 均在 III 类水标准以上，支流的长岭断面、下游的拉它泡断面 BOD_5 值略有上升，超过 IV 类水标准。

表 7-3 "十二五"期间饮马河五日生化需氧量汛期、非汛期实测均值

（单位：mg/L）

站名	2011 年	2012 年	2013 年	2014 年	2015 年
烟筒山	3.244	2.095	2.355	3.186	1.950
石头口门水库（三）	1.553	2.706	1.435	2.439	1.130
石头口门水库（二）	1.429	2.644	1.429	2.358	1.113
石头口门水库（一）	1.509	2.707	1.409	2.447	1.213
长岭	3.251	5.213	4.277	2.447	2.003
拉它泡	6.882	5.028	4.504	3.817	4.480
靠山屯	22.134	14.262	9.548	8.194	10.620
德惠	7.566	4.255	4.053	4.572	5.941

4. 氨氮、总磷

"十二五"期间，饮马河上游、中游各监测断面的氨氮质量浓度多在 0～0.5mg/L

范围内（表7-4），即Ⅱ类水标准以上。下游断面的拉它泡、靠山屯、德惠断面的氨氮质量浓度均超过了劣Ⅴ类水标准值，其中，靠山屯断面的氨氮质量浓度明显高于其他断面，并呈现了逐年增长的趋势，远超劣Ⅴ类水标准值。

表7-4 "十二五"期间饮马河氨氮汛期、非汛期实测均值

（单位：mg/L）

站名	2011 年	2012 年	2013 年	2014 年	2015 年
烟筒山	0.197	0.591	0.227	0.360	0.299
石头口门水库（三）	0.240	0.291	0.324	0.165	0.361
石头口门水库（二）	0.242	0.280	0.354	0.217	0.233
石头口门水库（一）	0.269	0.325	0.223	0.231	0.568
长岭	1.804	0.761	0.526	0.328	0.998
拉它泡	1.620	2.246	1.553	1.033	3.083
靠山屯	11.092	9.727	6.463	7.558	15.032
德惠	4.279	1.600	1.222	0.360	3.829

表7-5 "十二五"期间饮马河总磷汛期、非汛期实测均值

（单位：mg/L）

站名	2011 年	2012 年	2013 年	2014 年	2015 年
烟筒山	0.040	0.036	0.045	0.040	0.167
石头口门水库（三）	0.045	0.043	0.060	0.066	0.086
石头口门水库（二）	0.049	0.041	0.062	0.063	0.095
石头口门水库（一）	0.041	0.046	0.058	0.081	0.165
长岭	0.035	0.059	0.053	0.100	0.064
拉它泡	0.037	0.138	0.092	0.138	0.225
靠山屯	0.038	0.412	0.305	0.611	0.579
德惠	0.035	0.096	0.124	0.195	0.256

"十二五"期间，饮马河各监测断面的总磷质量浓度多在0～0.1mg/L范围内，即Ⅱ类水标准以上，仅下游断面的拉它泡、靠山屯、德惠断面在个别年份出现了Ⅱ类水标准以下的总磷质量浓度。其中，2014年靠山屯断面出现饮马河总磷质量浓度的最大值0.611mg/L，已超过劣Ⅴ类水标准值。

7.3.3 评价结果与分析

以饮马河2011年烟筒山水质作为样本，应用模糊综合评价法进行水质评价（表7-6）。

表 7-6 2011 年烟筒山水质实测值 （单位：mg/L）

水质指标	溶解氧	高锰酸盐指数	五日生化需氧量	氨氮	总磷
实测值	7.065	3.508	3.244	0.197	0.04

根据前面隶属度函数，求出隶属度矩阵：

$$R = \begin{bmatrix} 0.29 & 0.29 & 0 & 0 & 0 \\ 0.25 & 0.75 & 0 & 0 & 0 \\ 0 & 0.76 & 0.24 & 0 & 0 \\ 0.86 & 0.13 & 0 & 0 & 0 \\ 0.75 & 0.25 & 0 & 0 & 0 \end{bmatrix}$$

依据公式求出每个水质因子得分，分别为 1.5、0.4、0.25、0.7、0.8。根据水质标准限值，求得水质因子的修正值 α_i，分别为 0.27、0.13、0.07、0.27、0.27 。利用公式（7-4）得到水质因子权重矩阵 A：

$$A = \begin{bmatrix} 0.66 & 0.10 & 0.07 & 0.08 & 0.09 \end{bmatrix}$$

根据公式（7-6）得到模糊判别矩阵 B：

$$B = \begin{bmatrix} 0.34 & 0.36 & 0.02 & 0 & 0 \end{bmatrix}$$

2011 年烟筒山水质对于五类水的隶属度分别为 0.34、0.36、0.02、0、0。因为水质对于 II 类水的隶属度最大，为 0.36，所以水质判别为 II 类水质。

根据 2011～2015 年饮马河各监测断面分期（汛期和非汛期）实测数据平均值，采用上述改进的模糊综合评价法对饮马河各断面进行水质评价，评价结果见表 7-7。

表 7-7 模糊综合评价结果

年份	断面	I 类	II 类	III 类	IV 类	V 类	水质类别
2011	烟筒山	0.34	0.36	0.02	0.00	0.00	II
	石头口门水库（三）	0.89	0.29	0.05	0.00	0.00	I
	石头口门水库（二）	0.89	0.29	0.06	0.00	0.00	I
	石头口门水库（一）	0.89	0.30	0.05	0.00	0.00	I
	长岭	0.12	0.25	0.02	0.12	0.12	II
	拉它泡	0.03	0.17	0.49	0.35	0.32	III
	靠山屯	0.01	0.04	0.12	0.03	0.80	V
	德惠	0.08	0.12	0.05	0.04	0.52	V

年份	断面	I 类	II 类	III 类	IV 类	V 类	水质类别
2012	烟筒山	0.21	0.39	0.02	0.00	0.00	II
	石头口门水库（三）	0.21	22	0.01	0.00	0.00	II
	石头口门水库（二）	0.25	0.32	0.01	0.00	0.00	II
	石头口门水库（一）	0.20	0.34	0.01	0.00	0.00	II
	长岭	0.44	0.34	0.13	0.05	0.00	I
	拉它泡	0.00	0.17	0.24	0.26	0.41	V
	靠山屯	0.00	0.03	0.00	0.14	0.90	V
	德惠	0.00	0.25	0.18	0.23	0.23	II
2013	烟筒山	0.50	0.30	0.00	0.00	0.00	I
	石头口门水库（三）	0.30	0.35	0.02	0.00	0.00	II
	石头口门水库（二）	0.30	0.36	0.02	0.00	0.00	II
	石头口门水库（一）	0.29	0.35	0.03	0.00	0.00	II
	长岭	0.07	0.38	0.08	0.01	0.00	II
	拉它泡	0.20	0.24	0.11	0.24	0.23	IV
	靠山屯	0.21	0.07	0.02	0.17	0.66	V
	德惠	0.00	0.24	0.54	0.10	0.00	III
2014	烟筒山	0.85	0.37	0.01	0.00	0.00	I
	石头口门水库（三）	0.89	0.32	0.02	0.00	0.00	I
	石头口门水库（二）	0.88	0.32	0.03	0.00	0.00	I
	石头口门水库（一）	0.85	0.35	0.02	0.00	0.00	I
	长岭	0.11	0.41	0.02	0.00	0.00	II
	拉它泡	0.61	0.27	0.29	0.01	0.00	I
	靠山屯	0.09	0.06	0.00	0.06	0.73	V
	德惠	0.63	0.22	0.27	0.06	0.00	I
2015	烟筒山	0.75	22	0.12	0.00	0.00	I
	石头口门水库（三）	0.22	0.41	0.01	0.00	0.00	II
	石头口门水库（二）	0.23	0.40	0.01	0.00	0.00	II

续表

年份	断面	Ⅰ类	Ⅱ类	Ⅲ类	Ⅳ类	Ⅴ类	水质类别
2015	石头口门水库（一）	0.09	0.39	0.14	0.00	0.00	Ⅱ
	长岭	0.72	0.29	0.18	0.00	0.00	Ⅰ
	拉它泡	0.13	0.11	0.20	0.05	0.36	Ⅴ
	靠山屯	0.00	0.03	0.10	0.03	0.88	Ⅴ
	德惠	0.27	0.09	0.11	0.17	0.41	Ⅴ

由表 7-7 可知，上游烟筒山断面的水质变化较小，总体水质较好；中游石头口门水库断面水质在 2011～2015 年各期基本无变化，为Ⅰ～Ⅱ类水，水质较好；下游靠山屯断面水质在 2011～2015 年各期均为Ⅴ类水，德惠断面水质变化较大，水质较差，2014 年水质较好。

如图 7-1，上中游的烟筒山、石头口门水库各断面的水质较好，为Ⅰ～Ⅱ类水；下游长岭、拉它泡、靠山屯、德惠各断面的水质逐渐变差，多为Ⅲ～Ⅴ类水。根据 2011～2015 年汛期和非汛期饮马河八个监测断面各项水质指标的监测结果可知，饮马河上中游的烟筒山、石头口门水库等断面的水质良好，五年内波动较小，多为《地表水环境质量标准》（GB 3838—2002）的Ⅰ～Ⅱ类；下游拉它泡、靠山屯、德惠等断面的各单项指标多为Ⅲ～Ⅴ类，特别是靠山屯断面，基本均为Ⅴ类水。在此基础上，利用改进的模糊综合评价法对饮马河各断面进行综合水质评价，水质评价结果较为理想。其结果表明，上游烟筒山断面的水质评价结果为Ⅰ～Ⅱ

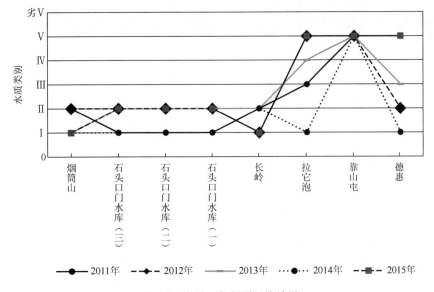

图 7-1　饮马河各断面评价结果

类水，非汛期略微优于汛期水质；中游石头口门水库各断面的水质2011～2015年为Ⅰ～Ⅱ类水；下游靠山屯断面水质均为Ⅴ类，拉它泡和德惠断面的水质在Ⅰ～Ⅴ类水范围内波动，且水质呈现恶化的趋势。

7.4 本章小结

基于模糊数学理论的综合水质评价工作量较大，算法也较复杂，需要构建各评价指标对各水质类别的隶属函数，求得模糊关系矩阵，再进行矩阵的运算。该方法的理解与推广应用对一些不具有较深的高等数学知识背景的水质评价工作者而言，具有一定难度。基于模糊数学理论的评价结果是综合水质对各水质类别的隶属度，从隶属度矩阵中不能够直观比较不同评价样本的综合水质污染程度大小。模糊数学评价法考虑的是各评价指标对于Ⅰ～Ⅴ类水的隶属度，当水质劣于Ⅴ类时，表达结果为对Ⅴ类水的隶属度为1，Ⅰ～Ⅳ类水的隶属度为0，即表达为Ⅴ类水浓度上限值。

第8章 灰色分析法

灰色系统理论是中国学者邓聚龙于 1982 年提出的一门理论。灰色系统理论用颜色的深浅来表征信息的完备程度，把内部特征已知的信息系统称为白色系统，内部特征信息完全未知的信息系统称为黑色系统，内部特征信息非确定的信息系统称为灰色系统（刘思峰等，2017）。客观世界中，信息完全已知或未知的系统只占极少数，大部分为灰色系统——既含有已知信息又含有未知信息的系统。灰色理论作为分析信息不完备系统的理论，目前已广泛应用于水环境、气象、农业等诸多领域。

在学科发展方面，灰色系统理论已经成为系统科学理论的一个重要的新成员，在经济管理、信息科学、机械工程、水利工程等学科得到广泛应用。以灰色数学和灰色哲学为基础的灰色系统理论在学科发展上出现了一些新的分支，如灰色水文学、灰色地质学、灰色育种学、区域经济灰色系统分析等。灰色系统理论的研究范围也由最初的灰控制、灰关联、灰预测发展到灰决策、灰聚类、灰规划等领域。在综合水质评价领域，由于对水环境质量所获得的监测数据都是在有限的时间和空间范围内监测得到的，信息是不完全的或不确切的。因此，可将水环境系统视为一个灰色系统，即部分信息已知、部分信息未知或不确知的系统。

8.1 概　　述

计算水体各水质指标的实测浓度与各级水质标准的关联度，然后根据关联度的大小确定综合水质。灰色分析法根据系数的大小来判断评价样本所属的综合水质类别。其方法是将每个评价样本对各灰类的系数组成行向量，在行向量中最大聚类系数所对应的灰类即是这个评价样本所属的类别。目前灰色系统理论中常用的、较为成熟的进行水质综合评价的方法为灰色分析法，其他方法主要有灰色加权关联度评价法、灰色模式识别模型法、灰色贴近度分析法、灰色决策评价法等。由于对水环境质量所获得的监测数据都是在有限的时间和空间范围内监测得到的，信息是不完全的或不确切的。因此可将水环境系统视为一个灰色系统，即部分信息已知、部分信息未知或不确知的系统。基于这种特性，国内外学者也将灰色系统理论应用于水环境质量综合评价中。

应用于综合水质评价的灰色系统理论方法包括灰色聚类法、灰色关联分析法、灰色统计法、灰色局势决策法等。

灰色聚类法的基本思想如下。

（1）将评价样本标准化。

（2）将水环境质量类别对应的浓度值标准化，形成对应的水环境质量灰类；并基于水质灰度，构造白化函数。

（3）根据白化函数，计算出各评价指标对于各灰类的白化系数。

（4）依据各评价指标的权重，求得综合水质对于各灰类的聚类系数，最终判断出评价样本的综合水质类别。

8.2　灰色分析法计算方法与流程

8.2.1　确定聚类白化数

设有 l 个样本（监测断面），且各有 i 个水质指标（ $i=1,2,\cdots,n$ ），每项指标有 j 个灰类（水质类别， $j=1,2,\cdots,m$ ），则由 l 个样本、n 项指标的白化数构成矩阵（王平和王云峰，2013）：

$$C = \begin{bmatrix} C_{11} & \cdots & C_{1n} \\ \vdots & & \vdots \\ C_{l1} & \cdots & C_{ln} \end{bmatrix} \tag{8-1}$$

式中，C_{ki} 是第 k 个（ $k=1,2,\cdots,l$ ）聚类样本第 i 个聚类指标的白化值（水质指标浓度值）。

8.2.2　数据的标准化处理

采用污染指数法进行样本指标白化值的标准化处理：

$$x_{ki} = \frac{C_{ki}}{S_{oi}} \tag{8-2}$$

式中，k 是样本数；i 是水质因子；S_{oi} 可取上下限、均值、某一水质限值。

$$r_{ij} = \frac{S_{ij}}{S_{oi}} \tag{8-3}$$

式中，r_{ij} 是经过标准化处理后的标准限值；S_{ij} 是第 i 项指标第 j 个灰类的浓度限值。

8.2.3　确定白化函数及白化矩阵

某个只知道大概的范围而不知道其确切值的数称为灰数。属于某个区间的灰数，在该区间内取数时，也许每一个数的取数机会都是均等的，称为纯灰数或绝对灰数；也许对取数有"偏爱"，即机会不均等，称为相对灰数。通常用白化函数来表示这一灰数与"偏爱"程度的关系。

参照《地表水环境质量标准》(GB 3838—2002),确定白化函数如下:

$$f_{ij} = \begin{cases} 0, & C_i \leqslant S_{i,j-1} \text{或} C_i \geqslant S_{i,j+1} \\[2mm] \dfrac{x_i - r_{i,j-1}}{r_{ij} - r_{i,j-1}}, & r_{i,j-1} \leqslant x_i \leqslant r_{i,j} \\[3mm] \dfrac{r_{i,j+1} - x_i}{r_{i,j+1} - r_{i,j}}, & r_{i,j} < x_i < r_{i,j+1} \end{cases} \tag{8-4}$$

式中, x_i 是经过标准化处理后的实测数据; r_{ij} 为经过标准化处理后的标准限值。

上式为非溶解氧指标,溶解氧指标计算方法正好相反。

8.2.4　求聚类权

求第 i 项指标 j 类的权重值,其公式如下:

$$w_{ij} = \frac{r_{ij}}{\sum\limits_{i=1}^{m} r_{ij}} \tag{8-5}$$

然后对 w_{ij} 进行归一化:

$$\eta_{ij} = \frac{w_{ij}}{\sum\limits_{i=1}^{n} w_{ij}} \tag{8-6}$$

式中, w_{ij} 是第 i 项水质指标第 j 类水质下的权重值; η_{ij} 是第 i 项水质指标第 j 类水质下的聚类权。

8.2.5　求聚类系数

聚类系数是通过生成灰数白化函数得到的,它反映了聚类样本对灰类的亲疏程度,其计算式为

$$\varepsilon_{kj} = \sum_{i=1}^{n} f_{ij}\eta_{ij} \tag{8-7}$$

式中, ε_{kj} 是第 k 个监测样本关于第 j 类水质的聚类系数。其余符号意义同前。

8.3　灰色分析法的应用

8.3.1　新立城水库概述

新立城水库坐落于嫩江支流饮马河之上,是长春市典型水库,是重要的水源地,承担着长春市范围内的供水与灌溉需求,其控制流域面积 1970km^2,总库容为 5.92 亿 m^3,日供水能力为 1.8×10^5m^3,约为长春市供水量的 1/4。近年来,由

于诸多农业、工业、养殖和生活污水直接汇入新立城水库，新立城水库水源保护区流域范围内不断出现水库水质下降和富营养化的问题，尤以2007年7月的蓝藻水华最为严重，给长春市供水带来较为严重的影响。虽然政府投入大量资金治理，例如利用食草性鱼类、微生物等对蓝藻进行治理，并取得了良好的效果，但是饮马河、通辽河流域面源污染等根本性问题并没有得到解决。因此，在污染源没有得到有效根治的情况下，新立城水库水质长期监测与预警机制的建立势在必行。本节选取新立城水库2016年全年月监测数据，利用灰色分析法对水质进行评价。

8.3.2　水质指标的选取

根据实际监测数据及主要污染情况，选取溶解氧、化学需氧量、高锰酸盐指数、五日生化需氧量、氨氮、总氮、总磷7项水质监测因子作为此次水质评价的因子。各因子在2016年全年间的月变化趋势见图8-1、图8-2。

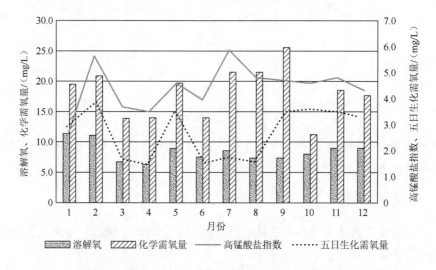

图8-1　新立城水库2016年全年水质监测数据（一）

从图8-1可以看出，溶解氧在2016年全年表现较为良好，在1月、2月、11月、12月冰封期间，溶解氧质量浓度较高，在非冰封期，溶解氧质量浓度较低，符合溶解氧季节性变化趋势；化学需氧量监测质量浓度较高，全年各月份变化较大，在3月、4月、6月、10月化学需氧量质量浓度较低，其余月份接近或超过Ⅳ类水质；五日生化需氧量表现较为良好，在3月、4月、6月、7月、8月均达到Ⅰ类水质标准；高锰酸盐指数质量浓度全年变化不明显，在 2～6mg/L 徘徊，状态较为良好。

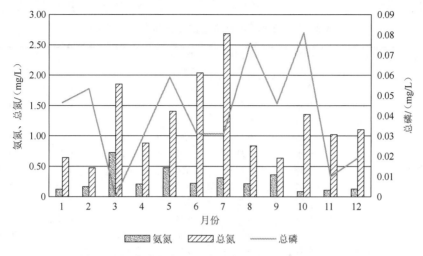

图 8-2　新立城水库 2016 年全年水质监测数据（二）

　　从图 8-2 可知，总磷变化幅度较大，质量浓度较高，除 3 月、11 月、12 月外，其余月份在Ⅲ、Ⅳ类水质之间徘徊；氨氮质量浓度年内变化不明显，皆在Ⅲ类水质之内；总氮质量浓度超标，年内变化显著，在 3～7 月总氮质量浓度明显偏高，甚至在 6 月、7 月明显超过Ⅴ类水质标准限值。

8.3.3　灰色分析法评价结果分析

1. 数据的标准化处理

　　根据公式（8-2）、公式（8-3），对数据进行标准化处理，处理结果见表 8-1、表 8-2。

表 8-1　灰类值标准化处理结果

水质因子	Ⅰ类	Ⅱ类	Ⅲ类	Ⅳ类	Ⅴ类
溶解氧	3.75	3.00	2.50	1.50	1.00
化学需氧量	0.38	0.38	0.50	0.75	1.00
高锰酸盐指数	0.13	0.27	0.40	0.67	1.00
五日生化需氧量	0.30	0.30	0.40	0.60	1.00
氨氮	0.08	0.25	0.50	0.75	1.00
总氮	0.10	0.25	0.50	0.75	1.00
总磷	0.05	0.13	0.25	0.50	1.00

表 8-2 新立城水库实测数据白化值标准化处理结果

时间	溶解氧	化学需氧量	高锰酸盐指数	五日生化需氧量	氨氮	总氮	总磷
1 月	5.75	0.49	0.17	0.30	0.06	0.32	0.25
2 月	5.60	0.53	0.37	0.38	0.09	0.24	0.25
3 月	3.40	0.35	0.25	0.17	0.37	0.93	0.15
4 月	3.20	0.35	0.23	0.15	0.11	0.44	0.15
5 月	4.50	0.50	0.31	0.35	0.24	0.71	0.30
6 月	3.80	0.36	0.27	0.16	0.11	1.02	0.15
7 月	4.35	0.54	0.39	0.17	0.16	1.34	0.15
8 月	3.70	0.54	22	0.16	0.11	0.42	0.40
9 月	3.75	0.64	0.31	0.34	0.18	0.32	0.25
10 月	4.05	0.29	0.31	0.36	0.05	0.68	0.40
11 月	4.55	0.47	0.32	0.35	0.06	0.51	0.05
12 月	4.55	0.44	0.29	22	0.07	0.55	0.10

2. 白化函数的确定

根据表 8-1，确定参与综合水质评价的 7 个水质指标的白化函数。

（1）DO 的白化函数：

$$f_{1,\mathrm{DO}}(x)=\begin{cases}1, & x \geqslant 3.75 \\ \dfrac{x-3.75}{0.75}, & 3 \leqslant x < 3.75 \\ 0, & x < 3\end{cases}$$

$$f_{2,\mathrm{DO}}(x)=\begin{cases}\dfrac{3.75-x}{0.75}, & 3 \leqslant x < 3.75 \\ \dfrac{x-2.5}{0.5}, & 2.5 < x < 3 \\ 0, & x \geqslant 3.75 \text{ 或 } x \leqslant 2.5\end{cases}$$

$$f_{3,\mathrm{DO}}(x)=\begin{cases}\dfrac{3-x}{0.5}, & 2.5 \leqslant x < 3 \\ \dfrac{x-1.5}{1}, & 1.5 < x < 2.5 \\ 0, & x \geqslant 3 \text{ 或 } x \leqslant 1.5\end{cases}$$

$$f_{4,\mathrm{DO}}(x)=\begin{cases}\dfrac{2.5-x}{1}, & 1.5 \leqslant x < 2.5 \\ \dfrac{x-1}{0.5}, & 1 < x < 1.5 \\ 0, & x \geqslant 2.5 \text{ 或 } x \leqslant 1\end{cases}$$

$$f_{5,\mathrm{DO}}(x) = \begin{cases} 0, & x \geqslant 1.5 \\ \dfrac{x-1}{0.5}, & 1 < x < 1.5 \\ 1, & x \leqslant 1 \end{cases}$$

（2）COD 的白化函数：

$$f_{1,\mathrm{COD}}(x) = \begin{cases} 1, & x \leqslant 0.38 \\ \dfrac{0.5-x}{0.38}, & 0.38 < x < 0.5 \\ 0, & x \geqslant 0.5 \end{cases}$$

$$f_{2,\mathrm{COD}}(x) = \begin{cases} 0, & x \leqslant 0.38 \text{ 或 } x \geqslant 0.75 \\ \dfrac{x-0.38}{0.12}, & 0.38 < x \leqslant 0.5 \\ \dfrac{0.75-x}{0.25}, & 0.5 < x < 0.75 \end{cases}$$

$$f_{3,\mathrm{COD}}(x) = \begin{cases} 0, & x \leqslant 0.38 \text{ 或 } x \geqslant 0.75 \\ \dfrac{x-0.38}{0.12}, & 0.38 < x \leqslant 0.5 \\ \dfrac{0.75-x}{0.12}, & 0.5 < x < 0.75 \end{cases}$$

$$f_{4,\mathrm{COD}}(x) = \begin{cases} 0, & x \leqslant 0.5 \text{ 或 } x \geqslant 1, \\ \dfrac{x-0.5}{0.25}, & 0.5 < x \leqslant 0.75 \\ \dfrac{1-x}{0.5}, & 0.75 < x < 1 \end{cases}$$

$$f_{5,\mathrm{COD}}(x) = \begin{cases} 0, & x \leqslant 0.75 \\ \dfrac{x-0.75}{0.25}, & 0.75 < x < 1 \\ 1, & x \geqslant 1 \end{cases}$$

（3）$\mathrm{COD_{Mn}}$ 的白化函数：

$$f_{1,\mathrm{COD_{Mn}}}(x) = \begin{cases} 1, & x \leqslant 0.13 \\ \dfrac{0.27-x}{0.14}, & 0.13 < x < 0.27 \\ 0, & x \geqslant 0.27 \end{cases}$$

$$f_{2,\mathrm{COD_{Mn}}}(x) = \begin{cases} 0, & x \leqslant 0.13 \ 或 \ x \geqslant 0.4 \\ \dfrac{x-0.13}{0.14}, & 0.13 < x \leqslant 0.27 \\ \dfrac{1-x}{0.13}, & 0.27 < x < 0.4 \end{cases}$$

$$f_{3,\mathrm{COD_{Mn}}}(x) = \begin{cases} 0, & x \leqslant 0.27 \ 或 \ x \geqslant 0.67 \\ \dfrac{x-0.27}{0.13}, & 0.27 < x \leqslant 0.4 \\ \dfrac{0.67-x}{0.27}, & 0.4 < x < 0.67 \end{cases}$$

$$f_{4,\mathrm{COD_{Mn}}}(x) = \begin{cases} 0, & x \leqslant 0.4 \ 或 \ x \geqslant 1 \\ \dfrac{x-1}{0.27}, & 0.4 < x \leqslant 0.67 \\ \dfrac{1-x}{0.33}, & 0.67 < x < 1 \end{cases}$$

$$f_{5,\mathrm{COD_{Mn}}}(x) = \begin{cases} 0, & x \leqslant 0.67 \\ \dfrac{x-0.67}{0.33}, & 0.67 < x < 1 \\ 1, & x \geqslant 1 \end{cases}$$

（4）$\mathrm{BOD_5}$ 白化函数：

$$f_{1,\mathrm{BOD_5}}(x) = \begin{cases} 1, & x \leqslant 0.3 \\ \dfrac{0.4-x}{0.1}, & 0.3 < x < 0.4 \\ 0, & x \geqslant 0.4 \end{cases}$$

$$f_{2,\mathrm{BOD_5}}(x) = \begin{cases} 0, & x \leqslant 0.3 \ 或 \ x \geqslant 0.6 \\ \dfrac{x-0.3}{0.1}, & 0.3 < x \leqslant 0.4 \\ \dfrac{0.6-x}{0.2}, & 0.4 < x < 0.6 \end{cases}$$

$$f_{3,\mathrm{BOD_5}}(x) = \begin{cases} 0, & x \leqslant 0.3 \ 或 \ x \geqslant 0.6 \\ \dfrac{x-0.3}{0.1}, & 0.3 < x \leqslant 0.4 \\ \dfrac{0.6-x}{0.2}, & 0.4 < x < 0.6 \end{cases}$$

$$f_{4,\mathrm{BOD_5}}(x) = \begin{cases} 0, & x \leqslant 0.4 \ \text{或}\ x \geqslant 1 \\ \dfrac{x-0.4}{0.2}, & 0.4 < x \leqslant 0.6 \\ \dfrac{1-x}{0.6}, & 0.6 < x < 1 \end{cases}$$

$$f_{5,\mathrm{BOD_5}}(x) = \begin{cases} 0, & x \leqslant 0.6 \\ \dfrac{x-0.6}{0.4}, & 0.6 < x < 1 \\ 1, & x \geqslant 1 \end{cases}$$

（5）氨氮的白化函数：

$$f_{1,\mathrm{NH_3-N}}(x) = \begin{cases} 1, & x \leqslant 0.08 \\ \dfrac{0.25-x}{0.17}, & 0.08 < x < 0.25 \\ 0, & x \geqslant 0.25 \end{cases}$$

$$f_{2,\mathrm{NH_3-N}}(x) = \begin{cases} 0, & x \leqslant 0.08 \ \text{或}\ x \geqslant 0.5 \\ \dfrac{x-0.08}{0.17}, & 0.08 < x \leqslant 0.25 \\ \dfrac{5-x}{0.25}, & 0.25 < x < 0.5 \end{cases}$$

$$f_{3,\mathrm{NH_3-N}}(x) = \begin{cases} 0, & x \leqslant 0.25 \ \text{或}\ x \geqslant 0.75 \\ \dfrac{x-0.25}{0.25}, & 0.25 < x \leqslant 0.5 \\ \dfrac{0.75-x}{0.25}, & 0.5 < x < 0.75 \end{cases}$$

$$f_{4,\mathrm{NH_3-N}}(x) = \begin{cases} 0, & x \leqslant 0.5 \ \text{或}\ x \geqslant 1 \\ \dfrac{x-1}{0.25}, & 0.5 < x \leqslant 0.75 \\ \dfrac{1-x}{0.25}, & 0.75 < x < 1 \end{cases}$$

$$f_{5,\mathrm{NH_3-N}}(x) = \begin{cases} 0, & x \leqslant 0.75 \\ \dfrac{x-0.75}{0.25}, & 0.75 < x < 1 \\ 1, & x \geqslant 1 \end{cases}$$

（6）总氮的白化函数：

$$f_{1,\text{TN}}(x)=\begin{cases}1, & x\leqslant 0.1\\[2mm]\dfrac{0.25-x}{0.15}, & 0.1<x<0.25\\[2mm]0, & x\geqslant 0.25\end{cases}$$

$$f_{2,\text{TN}}(x)=\begin{cases}0, & x\leqslant 0.1\text{ 或 }x\geqslant 0.5\\[2mm]\dfrac{x-0.1}{0.15}, & 0.1<x\leqslant 0.25\\[2mm]\dfrac{5-x}{0.25}, & 0.25<x<0.5\end{cases}$$

$$f_{3,\text{TN}}(x)=\begin{cases}0, & x\leqslant 0.25\text{ 或 }x\geqslant 0.75\\[2mm]\dfrac{x-0.25}{0.25}, & 0.25<x\leqslant 0.5\\[2mm]\dfrac{0.75-x}{0.25}, & 0.5<x<0.75\end{cases}$$

$$f_{4,\text{TN}}(x)=\begin{cases}0, & x\leqslant 0.5\text{ 或 }x\geqslant 1\\[2mm]\dfrac{x-1}{0.25}, & 0.5<x\leqslant 0.75\\[2mm]\dfrac{1-x}{0.25}, & 0.75<x<1\end{cases}$$

$$f_{5,\text{TN}}(x)=\begin{cases}0, & x\leqslant 0.75\\[2mm]\dfrac{x-0.75}{0.25}, & 0.75<x<1\\[2mm]1, & x\geqslant 1\end{cases}$$

（7）总磷的白化函数：

$$f_{1,\text{TP}}(x)=\begin{cases}1, & x\leqslant 0.05\\[2mm]\dfrac{0.13-x}{0.08}, & 0.05<x<0.13\\[2mm]0, & x\geqslant 0.13\end{cases}$$

$$f_{2,\text{TP}}(x)=\begin{cases}0, & x\leqslant 0.05\text{ 或 }x\geqslant 0.25\\[2mm]\dfrac{x-0.05}{0.08}, & 0.05<x\leqslant 0.13\\[2mm]\dfrac{1-x}{0.13}, & 0.13<x<0.25\end{cases}$$

$$f_{3,\text{TP}}(x) = \begin{cases} 0, & x \leqslant 0.13 \text{ 或 } x \geqslant 0.5 \\ \dfrac{x - 0.13}{0.12}, & 0.13 < x \leqslant 0.25 \\ \dfrac{0.5 - x}{0.25}, & 0.25 < x < 0.5 \end{cases}$$

$$f_{4,\text{TP}}(x) = \begin{cases} 0, & x \leqslant 0.25 \text{ 或 } x \geqslant 1 \\ \dfrac{x - 0.25}{0.25}, & 0.25 < x \leqslant 0.5 \\ \dfrac{1 - x}{0.5}, & 0.5 < x < 1 \end{cases}$$

$$f_{5,\text{TP}}(x) = \begin{cases} 0, & x \leqslant 0.5 \\ \dfrac{x - 0.5}{0.5}, & 0.5 < x < 1 \\ 1, & x \geqslant 1 \end{cases}$$

3. 计算聚类权

根据公式（8-5）、公式（8-6）得到各个水质指标的聚类权重，其结果见表 8-3。

根据前面介绍的灰色分析法对新立城水库 2016 年水质进行分析评价，得到新立城水库水质综合等级结果，其评价结果见表 8-4。

表 8-3 各评价指标的聚类权重

水质因子	I 类	II 类	III 类	IV 类	V 类
溶解氧	0.45	0.30	0.18	0.07	0.03
化学需氧量	0.18	0.15	0.14	0.15	0.13
高锰酸盐指数	0.08	0.13	0.13	0.16	0.16
五日生化需氧量	0.16	0.13	0.13	0.13	0.15
氨氮	0.04	0.11	0.16	0.17	0.16
总氮	0.05	0.11	0.16	0.17	0.15
总磷	0.04	0.08	0.11	0.15	0.21

表 8-4 新立城水库 2016 年水质评价结果

时间	I 类	II 类	III 类	IV 类	V 类	水质类别
1 月	0.71	0.00	0.28	0.00	0.00	I
2 月	0.49	0.16	0.44	0.01	0.00	I
3 月	0.56	0.37	0.10	0.05	0.05	I
4 月	0.72	0.42	0.14	0.00	0.00	I

续表

时间	I 类	II 类	III 类	IV 类	V 类	水质类别
5 月	0.45	0.27	0.35	0.17	0.00	I
6 月	0.82	0.21	0.02	0.00	0.15	I
7 月	0.64	0.12	0.26	0.02	0.15	I
8 月	0.23	0.15	0.32	0.11	0.00	III
9 月	0.47	0.31	0.31	0.08	0.00	I
10 月	0.67	0.14	0.20	0.21	0.00	I
11 月	0.53	0.18	0.37	0.01	0.00	I
12 月	0.50	0.32	0.26	0.03	0.00	I

从表 8-4 中可以看出，新立城水库在 2016 年水质较为良好，但是水质在 8 月份恶化，达到 III 类水质标准。同时，从前面的评价因子分析中可以看出，新立城水库主要污染物是营养盐含量较高，污染源是面源污染，主要是氮、磷。在 6～8 月水体中营养盐含量急剧升高，极易造成新立城水库水体的富营养化。新立城水库作为长春市供水的主要水库，其水质的恶化对长春市用水安全造成极大的危害，必须及早对新立城水库的水质进行全面合理的保护。

8.4　本　章　小　结

灰色分析法依据评价指标中某个灰类（水质类别）对应浓度限制与功能区目标浓度限制的比值确定权重，与评价样本水质指标实测值无关。所选择评价样本的综合水质评价结果表明，由于受到权重值选取的影响，灰色分析法的部分评价结果可能会失真。因此，如何合理选取评价指标的权重值是需要进一步研究的问题。

灰色分析法理论较为严密，但是在应用中存在一定的问题：灰色分析法评价综合水质时工作量较大，算法也较复杂，需要构建各评价指标对各灰类的白化函数矩阵。对大多数不具有较深的高等数学知识背景的水质评价工作者而言，该方法的应用具有一定难度。灰色分析法的评价结果是综合水质对各灰类（水质类别）的聚类系数，因此，不能够直观判断不同评价样本的综合水质污染程度大小。灰色分析法仅考虑各评价指标对于 I～V 类水的白化系数，因此，不能对劣于 V 类水的情形做出进一步评价。灰色系统评价法无法评价水体黑臭，应将灰色分析法所得的综合水质评价结果与其他方法得出的评价结果进一步比较分析，确定灰色分析法评价结果的合理性，对其做出一定的改进。

第9章 云模型方法

李德毅开创的"云"理论，是对传统的隶属函数概念的扬弃。自然界中大量模糊概念可以用正态云来刻画的事实，促使学者对正态云外部特征以及内部机理进行深入研究。云模型是一种从定性概念到定量概念转换的模型，同时反映了随机性与模糊性两种不确定性的客观现实，弥补了模糊理论的缺陷（沈进昌等，2012）。另外，在水质指标的实际测量中，水质指标实测值可以近似认为是独立同分布的随机变量，其数值的概率分布近似地服从正态分布，它是通过 3 个数字特征——期望 Ex、熵 En、超熵 He 来实现的，记为（Ex, En, He），我们称之为云滴。因此用正态云模型取代传统模糊综合评价中的隶属度函数，可以更好地描述水质实测指标的确定度（隶属度），也能更好地表达水质变化的模糊性。

9.1 概　　述

模糊概念可表述为一个边界具有不同弹性的收敛于正态分布函数的"云"。实质上，云是用语言值表示的某个定性概念与其定量表示之间的不确定性转换模型，云的数字特征可用期望值 Ex、熵 En、超熵 He 三个数值来表征，它把模糊性和随机性完全集成到一起，构成定性和定量相互间的映射，为定性与定量相结合的信息处理提供了有力手段。设 X 是一个精确数值量的集合，$X=\{x\}$ 称为论域。关于论域 X 上对应的定性概念，是指对于任意数值量，都存在一个有稳定倾向的随机数，称为 x 对的隶属度，隶属度在论域上的分布称为隶属云，简称为云。云由许许多多云滴组成，某一个云滴也许无足轻重，但云的整体形状反映了定性概念的重要特性。因为这种分布类似天空中的云彩，远看有明确的形状，近看没有确定的边界，所以借用云来比喻定性和定量之间的不确定性映射。

基于云模型的模糊水质综合评价方法相较于模糊综合评价方法更具有合理性，其具体方法分为以下几个步骤：数据的预处理、确定度（隶属度）的计算、指标权重的确定、综合值的处理。

9.1.1 数据的小失真预处理方法

由于各个水质指标的单位不同，数据的数量级相差较大，如溶解氧（DO）、透明度（SD）等指标不同于总氮（TN）等递增型指标，为了评价工作的方便以及结果的合理性，需要对数据进行标准化。在对数据进行标准化处理时，为了保证数据的无量纲化和同向化，不可避免地造成处理后数据的失真。本节综合现有常用数据标准化处理方法，结合权重计算需要，对水质标准化处理进行适当的改进，使数据失真度尽量减小，其具体方法如下。

（1）将水质评价标准值投影到区间[-1,1]上：

$$r_{ij} = 2 \times \frac{S_{ij} - \min(S_i)}{\max(S_i) - \min(S_i)} - 1 \tag{9-1}$$

式中，r_{ij} 是水质评价标准第 i 项水质指标第 j 类水质第一次处理后的值；S_{ij} 是水质评价标准第 i 项水质指标第 j 类水质原始值；$\min(S_i)$ 是水质评价标准第 i 项水质指标最小值；$\max(S_i)$ 是水质评价标准第 i 项水质指标最大值。

（2）对水质实测值进行处理：

$$x_i = 2 \times \frac{C_i - \min(S_i)}{\max(S_i) - \min(S_i)} - 1 \tag{9-2}$$

式中，x_i 是第 i 项水质指标实测值第一次处理后的值；C_i 是第 i 项水质指标实测值。

（3）同向化处理，对溶解氧（DO）等递减型指标取 x_i 相反数 $-x_i$。

（4）将数据进一步处理，投影到大于等于 0 的区间。

这是为了方便各个水质指标权重的计算，保证数据值大于 0（对于整理后依旧小于 0 的值取 0），使权重有实际意义，具体方法如下：

$$Y = y + 1 + \alpha \tag{9-3}$$

式中，y 代表 x_i 或 r_{ij}；Y 代表 x_i 或 r_{ij} 经过式（9-3）处理后的值 X_i 或 R_{ij}；α 是预处理修正系数，其值按照 i 项水质指标第一次处理后值的变化梯度来确定，为方便计算，本节统一取 0.5，其计算公式如下：

$$\alpha = \frac{\max(r_i) - \min(r_i)}{4} \tag{9-4}$$

其中，$\max(r_i)$ 是第 i 项水质评价标准第一次处理后的最大值，其值为 1；$\min(r_i)$ 是第 i 项水质评价标准第一次处理后的最小值，其值为-1。

9.1.2　云模型及确定度的计算

云模型是云的具体实现方法，也是基于云的运算、推理和控制等的基础。由定性概念到定量表示的过程，也就是有云的数字特征产生云滴的具体实现，称为云发生器。正向云发生器根据云的数字特征（Ex,En,He）产生云滴，每个云滴都是该概念的一次具体实现。由定量表示到定性概念的过程，也就是由云滴得到云的数字特征的具体实现，称为逆向云发生器。逆向云发生器可以将一定数量的精确数据转换为以数字特征（Ex,En,He）表示的定性概念。通过云模型发生器得到云模型，如图9-1、图9-2所示。

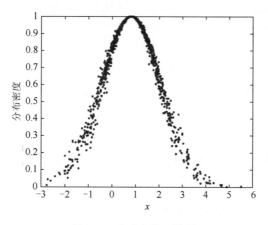

图 9-1 透明度的云模型

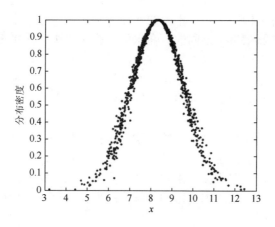

图 9-2 溶解氧的云模型

在水质综合评价工作中,水质类别不仅是一个范围,而且是一个模糊性的概念,并没有一个确定性的标准来判断某一样本水质可以综合评价为某一类水质。为将云模型引入水质综合评价,需做如下假设:①把每一定量的水质级别看作一个自然语言的概念,对应地映射成一朵云;②假设水体实测数据隶属于某水质级别的确定度的分布符合正态分布。云模型能实现定性概念到定量数据间的转化。云模型与传统的处理模糊概念的方法相比,在描述数据的随机独立同分布上,更加直观、具体、准确。云滴的三个数字特征的确定方法如下。

(1) Ex 的确定。

$$\mathrm{Ex}_{ij} = \frac{R_{i,j-1} + R_{i,j}}{2} \tag{9-5}$$

式中,Ex_{ij} 是第 i 项水质指标第 j 类水质类别的期望;$R_{i,j}$ 是第 i 项水质指标第 j 类水质类别处理后的标准限值。其中，对于单边界水质类别区间，缺省的边界参数可根据变量的上下限确定。

（2）En 的确定。

$$En_i = Ex_{i,6} / 3 \tag{9-6}$$

式中，$Ex_{i,6}$ 是第 i 类水质指标的Ⅵ类水质限值。GB 3838—2002 中仅有Ⅴ类水限值，Ⅵ类水可根据具体情况进行确定。

（3）He 的确定。超熵 He 可根据各个评价因子的最大取值范围确定一个适宜的值，一般 He <0.5。根据正向云发生器，将经过标准化的实测值代入计算机程序，得到确定度矩阵 D。

9.1.3 污染贡献率法及熵权法的选择

权重系数的确定是水质综合评价的核心问题，是决定水质综合评价结果是否符合实际水质状态关键的一步。不同的水质指标，或者相同水质指标不同的污染浓度对水体污染的贡献率是不同的。在水质综合评价中，污染贡献率法和熵权法是当今应用范围较广的两类权重确定方法，特别是在云模型水质综合评价方法中，多数研究人员选择了熵权法。但是作者在对熵权法的数学原理及实际意义进行分析后，认为熵权法具有一定的局限性，并不适用于本节对于新立城水库水质的研究，具体原因如下。

（1）从物理数学原理上分析，熵权法是根据信息熵的冗余度来计算的，而熵是对状态混乱度的度量，也就是说某一水质指标数据波动越剧烈，数据越混乱，其所占权重越大，即一定程度上剔除了数据变化不大的指标。但是数据变化程度越不混乱的指标并不一定对水质影响的程度越低，这就决定熵权法的应用必然具有一定的前提条件。

（2）从新立城水库数据实际分析中，我们也能发现熵权法并不适用于新立城水质综合评价工作中。利用熵权法计算的新立城水库各个指标权重（数据选取新立城水库上游、库中、取水口三个断面 2011～2014 年各月份水质测量数据）以及水质指标总体均值见表 9-1。

表 9-1　新立城水库水质指标权重及均值

水质指标	权重	均值
透明度/m	0.0105	0.7995
溶解氧/（mg/L）	0.3434	8.3213
氨氮/（mg/L）	0.0226	0.2653
总氮/（mg/L）	0.0483	1.3814
化学需氧量/（mg/L）	0.3269	13.514
高锰酸盐指数/（mg/L）	0.0044	4.9804
五日生化需氧量/（mg/L）	0.1913	2.1706
总磷/（mg/L）	0.051	0.0492
粪大肠菌群/（个/L）	0.0011	332.63

从表 9-1 中可以看出，将平均污染度在Ⅳ类水质范围的高锰酸盐指数权重定为 0.0044 明显是不合理的。因此，采用污染贡献率法来确定水质指标权重。污染贡献率法又叫超标倍数法（李名升等，2012），水质实测浓度超过水质标准限值越多，此种污染物贡献权重越大，权重矩阵记为 A。

9.1.4　综合值的处理

将云模型确定度矩阵 D 与指标权重矩阵 A 相乘，得到云模型模糊综合评价矩阵：

$$B = AD \tag{9-7}$$

然后根据相乘取大原则对水质类别进行判断。

9.2　云模型法综合评价法的应用

9.2.1　数据的筛选

新立城水库作为长春市饮用水及生活用水重要水源地之一，其水质状态极其重要，关系到长春市用水安全。本节选取 2011～2014 年新立城水库三个断面汛期、冰封期数据，利用基于小失真数据预处理的云模型水质综合评价方法，对新立城水库水质作整体评价。断面选择见表 9-2。

表 9-2　新立城水库监测断面信息

编号	水系	江河	站名	断面位置	汛期	冰封期
1	第二松花江	伊通河	新立城水库（一）	新立城水库库区上游	7 月	1 月
2	第二松花江	伊通河	新立城水库（二）	新立城水库库心	7 月	1 月
3	第二松花江	伊通河	新立城水库（三）	长春市自来水公司取水口	7 月	1 月

9.2.2　新立城水库水质综合评价

按照前面数据处理方法，对新立城三个断面 2011～2014 年 1 月、7 月数据进行分析计算，云模型云滴的三个特征值（云滴的特征值取值是依据标准化处理后的数据）见表 9-3。

根据云模型确定水质确定度矩阵，根据污染贡献率法求得各个水质指标权重，最后求得综合值，基于小失真数据预处理的云模型新立城水库水质综合评价结果见表 9-4。

表 9-3　各评价指标水质类别特征值

指标	期望 Ex					熵 En	超熵 He
	I 类	II 类	III 类	IV 类	V 类		
透明度	0.81	1.44	1.94	2.31	3.13	1.25	0.1
溶解氧	0.77	1.23	1.77	2.32	3.13	1.25	0.1
氨氮	0.69	1.15	1.69	2.23	3.13	1.25	0.1
总氮	0.67	1.11	1.67	2.22	3.13	1.25	0.1
化学需氧量	0.50	0.70	1.30	2.10	3.13	1.25	0.1
高锰酸盐指数	0.65	0.96	1.42	2.11	3.13	1.25	0.1
五日生化需氧量	0.50	0.64	1.07	1.93	3.13	1.25	0.1
总磷	0.58	0.79	1.18	1.97	3.13	1.25	0.1
粪大肠菌群	0.55	0.79	1.24	2.00	3.13	1.25	0.1

表 9-4　新立城水库水质综合评价结果

时间	新立城水库（一）	新立城水库（二）	新立城水库（三）
2011.1	III	III	III
2012.1	II	II	II
2013.1	II	II	II
2014.1	III	III	III
2011.7	II	II	II
2012.7	III	III	III
2013.7	III	III	III
2014.7	III	III	III

9.2.3　评价结果分析

从表 9-4 新立城水库水质综合评价结果分析，可以得出以下结论。

（1）新立城水库三个断面水质较为相似。自 2011～2014 年各月水质监测数据中选择 1 月、7 月具有代表性的数据，新立城水库三个断面水质评价等级相同，这说明新立城水库同一时间内，上下游水质变化不大，水库库区内水质保护效果较为良好。

（2）冰封期水质略优于汛期水质。新立城水库主要污染物为氮、磷等，其主要原因为农业耕种施肥过量，剩余营养物质随汇流作用流入新立城水库。新立城水库冰封期水质较优的结果，符合主要污染源为农牧业面源污染的特征，云模型水质评价结果较为符合实际情况。

（3）新立城水库水质总体并不理想，水质等级在 II、III 类之间，多为 III 类，水质等级多数情况下达到了集中式饮用水水质上限。当然，不能否认近年来新立城水库水质的治理成效，自 2007 年新立城水库发生严重水华之后，近年来水质明显好转，已经基本符合饮用水水源地标准。

9.3　本　章　小　结

传统的数据预处理方法并不能很好地兼顾处理递增型、递减型指标，对于同时具有渐递增型、递减型指标的水质评价样本，其处理后的数据往往与原始数据之间存在较大偏差。小失真数据预处理方法在传统数据预处理方法的基础上进行适当的改进后，处理结果较为理想，与原始数据相比失真度较小，其计算结果较为科学可信。用云模型代替传统模糊综合评价方法中的隶属度函数，弥补了传统模糊综合评价方法中对数据不确定性描述的不足，综合考虑了客观现实的随机性与模糊性。此外，水质实测数据的随机分布更符合正态云分布，确定度矩阵更符合实际水质确定度等级，从而评价结果更为客观可信。本章结合新立城水库实际情况，具体分析熵权法所得权重结果，采用污染贡献率法取代一般云模型因子权重计算中使用的熵权法，使因子权重结果更符合水质评价因子实际权重。综上所述，基于小失真数据预处理的云模型在新立城水库水质评价中的应用是合理可行的。

第10章 多元回归法

多元回归分析是研究多个变量之间关系的回归分析方法，按因变量和自变量的数量对应关系可划分为一个因变量对多个自变量的回归分析（简称为"一对多"回归分析）及多个因变量对多个自变量的回归分析（简称为"多对多"回归分析），按回归模型类型可划分为线性回归分析和非线性回归分析（李静萍和谢邦昌，2008）。虽然自变量和因变量之间没有严格的、确定性的函数关系，但可以设法找出最能代表它们之间关系的数学表达形式。通过数学建模来寻找相对应的回归方程。

10.1 概　　述

回归分析的运用主要可以解决以下问题。

（1）判定变量间的关联度，如果关联度大，找出所对应的回归方程。

（2）根据一个变量所给出的信息，预测其他变量的相关取值，接着用之前算出的回归方程验证其数据的准确性。

（3）进行因素分析，也就是对数据的主从关系进行确定。

本章要研究的是叶绿素 a（Chl-a）与其他常规水环境监测指标之间的相关关系，属于"一对多"回归分析。"一对多"回归分析方法的模型为：设因变量 y 与自变量 $x_1, x_2, \cdots, x_{m-1}$ 共有 n 组实际观测数据。y 值一般情况下都是可预测的，它会受到 $m-1$ 个非随机因素 $x_1, x_2, \cdots, x_{m-1}$ 和随机因素 ε 的影响。若 y 与 $x_1, x_2, \cdots, x_{m-1}$ 有如下线性关系：

$$y = \beta_0 + \beta_1 x_1 + \beta_2 x_2 + \cdots + \beta_{m-1} x_{m-1} + \varepsilon \tag{10-1}$$

式中，y 为因变量；$x_1, x_2, \cdots, x_{m-1}$ 为自变量；$\beta_0, \beta_1, \beta_2, \cdots, \beta_{m-1}$ 是未知参数；ε 是均值为零，方差为 $\delta^2 > 0$ 的不可观测的随机变量，称为误差项，并通常假定 $\varepsilon \sim N(0, \delta^2)$。进行 $n(n \geqslant p)$ 次独立观测，得到 n 组数据（样本）：

$$x_{i1}, x_{i2}, \cdots, x_{im-1}; y_i \, (i = 1, 2, \cdots, n)$$

则有

$$\begin{bmatrix} y_1 = \beta_0 + \beta_{1 \times 11} + \beta_{2 \times 12} + \cdots + \beta_{(m-1) \times (1m-1)} + \varepsilon_1 \\ y_2 = \beta_0 + \beta_{1 \times 21} + \beta_{2 \times 22} + \cdots + \beta_{(m-1) \times (1m-1)} + \varepsilon_1 \\ \vdots \\ y_n = \beta_0 + \beta_{1 \times n1} + \beta_{2 \times n1} + \cdots + \beta_{(m-1) \times (1m-1)} + \varepsilon_1 \end{bmatrix} \tag{10-2}$$

式中，$\varepsilon_1, \varepsilon_2, \cdots, \varepsilon_n$ 相互独立，且服从 $N(0, \delta^2)$ 分布，令

$$
\boldsymbol{Y} = \begin{bmatrix} y_1 \\ y_2 \\ \vdots \\ y_n \end{bmatrix}_{n \times 1}, \quad
\boldsymbol{X} = \begin{bmatrix} 1 & x_{11} & x_{12} & \dots & x_{1(m-1)} \\ 1 & x_{21} & x_{22} & \dots & x_{2(m-1)} \\ & & \vdots & & \\ 1 & x_{n1} & x_{n2} & \dots & x_{n(m-1)} \end{bmatrix}_{n \times m}, \quad
\boldsymbol{\beta} = \begin{bmatrix} \beta_0 \\ \beta_1 \\ \vdots \\ \beta_{m-1} \end{bmatrix}_{m \times 1}, \quad
\boldsymbol{\varepsilon} = \begin{bmatrix} \varepsilon_0 \\ \varepsilon_1 \\ \vdots \\ \varepsilon_n \end{bmatrix}_{n \times 1}
\tag{10-3}
$$

则式（10-1）用矩阵表示为

$$
\begin{cases} \boldsymbol{Y} = \boldsymbol{X\beta} + \boldsymbol{\varepsilon} \\ \boldsymbol{\varepsilon} \sim N\left(0, \delta^2\right) \end{cases}
\tag{10-4}
$$

多元回归分析在实际问题中，对解决该问题间相关联因素具有相当高的精确性。目前，多元回归分析已应用在各项环境领域之中。现在在应对各项环境问题的过程中，经常会遇到紧密的其他影响因素，如果了解到这些影响因素的客观联系规律，可以更完善地处理 Chl-a 预测的相关数据分析。在实际问题的应用中，这些影响因素可用经数据分析处理后得到回归方程进行验证，理论计算过程为：建立回归方程→计算相关关系数→结论→措施。其次，环境问题中也会用到回归模型进行预测分析，即基于"假定→模拟→预测"进行数据处理分析从而进行预测。在实际的环境问题中，数据的分析与预测通常相互结合，经常会基于多元线性回归得出的回归模型来探寻环境中主要因变量的客观规律，结合其他对因变量产生影响的因素进行环境质量的预测分析。

10.2　尼尔基水库情况及检测指标

10.2.1　尼尔基水库概况

尼尔基水库位于黑龙江省与内蒙古自治区交界的嫩江干流中游，是嫩江由山区、丘陵地带流入松嫩平原的咽喉，尼尔基水利枢纽是国家"十五"计划批准修建的大型水利工程项目，也是国家实施西部大开发战略的标志性工程项目之一。尼尔基水库总库容 86.11 亿 m^3，其中防洪库容 23.68 亿 m^3，兴利库容 59.68 亿 m^3，多年平均发电量 6.387 亿 $kW \cdot h$。控制流域面积 6.64 万 km^2，占嫩江流域总面积的 22.4%，多年平均径流量 104.7 亿 m^3，占嫩江流域的 45.7%。

10.2.2　检测项目

在进行数据处理之前通过查阅文献，初步筛选出常规水环境监测指标，包括总氮（TN）、总磷（TP）、透明度（SD）、高锰酸盐指数（COD_{Mn}）、pH、溶解氧（DO）、氨氮（NH_3-N）、化学需氧量（COD）、硝酸盐氮（NO_3-N）。

10.2.3　软件及使用方法

在做线性回归过程中，以 Chl-a 为因变量，以总氮（TN）、总磷（TP）、透明度（SD）、高锰酸盐指数（COD_{Mn}）、pH、溶解氧（DO）、氨氮（NH_3-N）、化学需氧量（COD）、硝酸盐氮（NO_3-N）为自变量，选择逐步法，使用 F 概率小于等于 0.05 "进入"，大于等于 1.0 "删除" 为转入条件，使用 SPSS 线性回归过程向后逐步法筛选具有统计学意义（$P<0.05$）的自变量，并进行共线性诊断。

10.3　多元回归法建立尼尔基水库坝前叶绿素 a 线性回归模型

SPSS 21.0 尼尔基水库线性回归处理如图 10-1 所示。

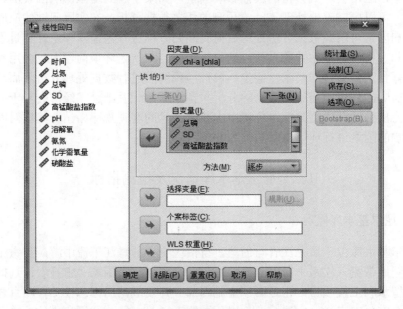

图 10-1　SPSS 21.0 尼尔基水库线性回归处理

10.3.1　尼尔基水库叶绿素 a 线性回归模型-坝前汛期

尼尔基水库 2011～2015 年水环境监测坝前汛期数据见表 10-1～表 10-4 和图 10-2。根据表 10-1 可知，与 Chl-a 有显著性关系的是 TN、SD、NO_3-N。

根据表 10-2，最优回归方程为模型 3。随着变量的逐步进入，相关系数 R 逐渐增大，决定系数 R^2 也逐渐增大，且标准估计的误差也逐渐减小。模型 3 相关系数最大，标准误差最小，线性回归的拟合度也最好，其决定系数 R^2 为 0.855，说明其线性相关性很强。

表 10-1　尼尔基水库坝前汛期数据输入、移去的变量及方法

模型	输入的变量	移去的变量	方法
1	TN		步进（准则：F-to-enter 的概率 <=0.050，F-to-remove 的概率 >=0.100）
2		TP	步进（准则：F-to-enter 的概率 <=0.050，F-to-remove 的概率 >=0.100）
3	SD		步进（准则：F-to-enter 的概率 <=0.050，F-to-remove 的概率 >=0.100）
4		COD_{Mn}	步进（准则：F-to-enter 的概率 <=0.050，F-to-remove 的概率 >=0.100）
5		pH	步进（准则：F-to-enter 的概率 <=0.050，F-to-remove 的概率 >=0.100）
6		DO	步进（准则：F-to-enter 的概率 <=0.050，F-to-remove 的概率 >=0.100）
7		NH_3-N	步进（准则：F-to-enter 的概率 <=0.050，F-to-remove 的概率 >=0.100）
8		COD	步进（准则：F-to-enter 的概率 <=0.050，F-to-remove 的概率 >=0.100）
9	NO_3-N		步进（准则：F-to-enter 的概率 <=0.050，F-to-remove 的概率 >=0.100）

注：因变量为 Chl-a

表 10-2　模型汇总

模型	R	R^2	调整 R^2	标准估计的误差	Sig.
1	0.742	0.550	0.524	4.0567	0.000
2	0.828	0.685	0.685	3.5001	0.019
3	0.925	0.855	0.855	2.4480	0.001

表 10-3 为线性回归模型的方差分析，是模型整体的显著性检验。模型 3 的统计量为 622.098，Sig.值为 0.000，线性回归模型是显著的。

表 10-3　线性回归模型的方差分析

	模型	统计量	自由度（dF）	均方	F	Sig.
	回归	342.328	1	342.328	20.801	0.000
1	残差	279.770	17	16.457		
	总计	622.098	18			
	回归	426.089	2	213.045	17.391	0.000
2	残差	196.009	16	12.251		
	总计	622.098	18			
	回归	532.204	3	177.401	29.602	0.000
3	残差	89.894	15	5.993		
	总计	622.098	18			

根据表 10-4，t 检验 Sig.值均接近于 0，自变量之间存在显著性差异。在共线性统计量一栏中，VIF 值均小于 5，容差均大于 0.2，且为倒数关系，可见自变量之间均不共线。

表 10-4　系数

模型		非标准化系数		标准系数 试用版	t	Sig.	共线性统计量	
		B	标准误差				容差	VIF
1	常量	−3.608	3.803		−0.949	0.356		
	TN	19.630	4.304	0.742	4.561	0.000	1.000	1.000
2	常量	5.443	4.770		1.141	0.271		
	TN	16.924	3.855	0.640	4.390	0.000	0.928	1.078
	SD	−9.803	3.749	−0.381	−2.615	0.019	0.928	1.078
3	常量	6.896	3.354		2.056	0.058		
	TN	14.635	2.751	0.553	5.321	0.000	0.892	1.122
	SD	−15.547	2.956	−0.604	−5.259	0.000	0.730	1.370
	NO₃-N	26.685	6.342	0.466	4.208	0.001	0.784	1.275

注：因变量为 Chl-a；B 为方程的系数与常数项

根据图 10-2 可见，所有的点均落在直线附近，可认定标准化残差符合正态分布。

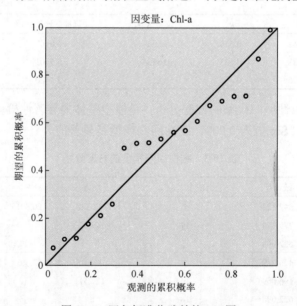

图 10-2　回归标准化残差的 P-P 图

综上所述，自变量 TN、SD、NO₃-N 与因变量 Chl-a 之间线性回归方程有意义且存在线性相关关系。将因变量 Chl-a 记为 Y_{Chl-a}，自变量 TN、SD、NO₃-N 记为 X_{TN}、X_{SD}，X_{NO_3-N}，则尼尔基水库坝前汛期 Chl-a 预测模型为

$$Y_{Chl-a} = 6.896 + 14.635 X_{TN} - 15.547 X_{SD} + 26.685 X_{NO_3-N} \qquad (10-5)$$

说明：系数绝对值越大，自变量每变化一个单位对因变量 Y_{Chl-a} 的影响也就越

大。因而对Chl-a的影响最大的为NO₃-N，其次为SD和TN。其中，SD为负相关，NO₃-N和TN为正相关。

10.3.2　尼尔基水库叶绿素 a 线性回归模型–坝前非汛期

尼尔基水库2011～2015年水环境监测坝前非汛期数据见表10-5～表10-8，可知与Chl-a有关系的是TP。

表 10-5　尼尔基水库坝前非汛期数据输入、移去的变量及方法

模型	输入的变量	移去的变量	方法
1		TN	步进（准则：　F-to-enter 的概率 <=0.050，F-to-remove 的概率 >=0.100）
2	TP		步进（准则：　F-to-enter 的概率 <= 0.050，F-to-remove 的概率 >= 0.100）
3		SD	步进（准则：　F-to-enter 的概率 <=0.050，F-to-remove 的概率 >=0.100）
4		COD_Mn	步进（准则：　F-to-enter 的概率 <= 0.050，F-to-remove 的概率 >= 0.100）
5		pH	步进（准则：　F-to-enter 的概率 <= 0.050，F-to-remove 的概率 >= 0.100）
6		DO	步进（准则：　F-to-enter 的概率 <=0.050，F-to-remove 的概率 >=0.100）
7		NH₃-N	步进（准则：　F-to-enter 的概率 <= 0.050，F-to-remove 的概率 >= 0.100）
8		COD	步进（准则：　F-to-enter 的概率 <=0.050，F-to-remove 的概率 >=0.100）
9		NO₃-N	步进（准则：　F-to-enter 的概率 <=0.050，F-to-remove 的概率 >=0.100）

根据表 10-6，线性回归的拟合度不太好。其决定系数 R^2 为 0.232，说明其线性相关性不是很强。

表 10-6　模型汇总

模型	R	R^2	调整 R^2	标准估计的误差	Sig.
1	0.481[*]	0.232	0.195	1.8613	0.020

注：因变量为 Chl-a
* 预测变量为常量和总磷

表 10-7 为线性回归模型的方差分析，为模型整体的显著性检验。模型的 F 统计量为 6.322，Sig.值为 0.020，线性回归模型是显著的。

表 10-7　线性回归模型的方差分析

模型		统计量	自由度（dF）	均方	F	Sig.
	回归	21.938	1	21.938	6.332	0.020
1	残差	72.757	21	3.465		
	总计	94.695	22			

注：因变量为 Chl-a；预测变量为常量和总磷

根据表 10-8，t 检验 Sig.值均接近于 0，自变量之间存在显著性差异。在共线性统计量一栏中，VIF 值均小于 5，容差均大于 0.2，且为倒数关系，可见自变量之间均不共线。标准化残差符合正态分布。

表 10-8　系数

模型		非标准化系数		标准系数	t	Sig.	共线性统计量	
		B	标准误差	试用版			容差	VIF
1	常量	4.776	1.173		4.073	0.001		
	TP	31.393	12.475	0.481	2.516	0.020	1.000	1.000

注：因变量为 Chl-a；B 为方程的系数与常数项

综上所述，自变量 TP 与因变量 Chl-a 之间线性回归方程有意义且存在线性相关关系。将因变量 Chl-a 记为 $Y_{Chl\text{-}a}$，自变量 TP 记为 X_{TP}，则尼尔基水库坝前非汛期 Chl-a 预测模型为

$$Y_{Chl\text{-}a}=4.766+31.393X_{TP} \tag{10-6}$$

说明：系数绝对值越大，自变量每变化一个单位对因变量 $Y_{Chl\text{-}a}$ 的影响也就越大。因而对于坝前非汛期 Chl-a 的影响最大的为 TP，且其与叶绿素 a 为正相关关系。

10.3.3　回归模型预测分析−坝前汛期水质

在 SPSS 中设置置信区间为大于 95%，对所作出的 Chl-a 线性回归模型进行预测，用预测结果对模型进行验证，对实测值和预测值进行曲线拟合。预测结果见表 10-9，其中，PRE 为预测均值，LMCI_1 为预测下限值，UMCI_1 为预测上限值，LICI_1 为个别预测值下限值，UICI_1 为个别预测值上限值。

根据表 10-9，Chl-a 实测值与 PRE_1（预测值）拟合效果很好，预测值基本接近实测值，虽然有误差，但在可接受的误差范围内，且实测值均在预测值上下限区间内，此模型对于 Chl-a 的预报预警系统具有一定的实际意义。

表 10-9　尼尔基水库坝前汛期 Chl-a 实测值与预测值结果比较

（单位：mg/L）

时间	Chl-a 实测值	PRE	LMCI_1	UMCI_1	LICI_1	UICI_1
2011.6	5.5	7.474 97	5.303 05	9.646 89	1.823 10	13.126 84
2011.7	7.4	10.958 10	8.829 05	13.087 16	5.322 57	16.593 64
2011.8	11.4	10.983 96	8.701 01	13.266 91	5.288 50	16.679 42
2011.9	8.6	8.513 06	6.752 04	10.274 08	3.006 01	14.020 11
2012.6	10.9	10.238 03	8.008 51	12.467 55	4.563 77	15.912 28
2012.7	10.5	12.095 69	9.205 19	14.986 19	6.130 67	18.060 70
2012.8	12.5	11.413 21	9.143 18	13.683 23	5.722 91	17.103 50

续表

时间	Chl-a 实测值	PRE	LMCI_1	UMCI_1	LICI_1	UICI_1
2012.9	12.7	12.329 92	10.918 59	13.741 26	6.924 53	17.735 32
2013.6	10.2	10.237 31	8.654 33	11.820 29	4.784 58	15.690 04
2013.7	12.9	11.677 64	10.134 99	13.220 29	6.236 49	17.118 79
2013.8	13.5	10.763 48	8.646 33	12.880 63	5.132 43	16.394 53
2013.9	13.1	16.076 47	14.631 46	17.521 48	10.662 19	21.490 75
2014.6	12.7	12.607 46	10.907 08	14.307 83	7.119 50	18.095 41
2014.7	25.0	19.223 97	17.301 83	21.146 11	13.663 30	24.784 63
2014.8	28.0	26.641 02	23.355 88	29.926 17	20.475 10	32.806 94
2014.9	23.0	25.931 68	22.736 90	29.126 46	19.813 43	32.049 93
2015.6	9.1	8.914 50	5.727 03	12.101 97	2.800 06	15.028 94
2015.7	10.0	8.624 41	5.226 40	12.022 42	2.397 62	14.851 20
2015.8	14.0	16.295 12	13.113 20	19.477 04	10.183 57	22.406 66

10.3.4　回归模型预测分析–坝前非汛期

在 SPSS 中设置置信区间为大于 95%，对 Chl-a 线性回归模型进行预测，用预测结果对模型进行验证，对实测值和预测值进行曲线拟合。预测结果见表 10-10。

表 10-10　尼尔基水库坝前非汛期 Chl-a 实测值与预测值结果比较

（单位：mg/L）

时间	Chl-a 实测值	PRE	LMCI_1	UMCI_1	LICI_1	UICI_1
2011.3	5.1	6.346 11	5.057 96	7.634 26	2.266 52	10.425 70
2011.4	6.6	7.287 89	6.449 82	8.125 96	3.327 32	11.248 46
2011.5	5.4	6.973 96	6.032 30	7.915 63	2.990 19	10.957 74
2011.10	7.5	6.660 04	5.561 99	7.758 09	2.636 43	10.683 65
2011.11	6.5	6.973 96	6.032 30	7.915 63	2.990 19	10.957 74
2012.3	6	6.346 11	5.057 96	7.634 26	2.266 52	10.425 70
2012.4	5.3	6.973 96	6.032 30	7.915 63	2.990 19	10.957 74
2012.5	5.8	7.601 82	6.793 97	8.409 66	3.647 54	11.556 10
2012.10	7	6.973 96	6.032 30	7.915 63	2.990 19	10.957 74
2012.11	6.1	7.287 89	6.449 82	8.125 96	3.327 32	11.248 46
2013.3	5.8	7.915 74	7.056 98	8.774 51	3.950 74	11.880 74
2013.4	6.4	7.287 89	6.449 82	8.125 96	3.327 32	11.248 46
2013.5	6	6.660 04	5.561 99	7.758 09	2.636 43	10.683 65
2013.10	7.4	8.229 67	7.251 42	9.207 92	4.237 09	12.222 25
2013.11	7	8.229 67	7.251 42	9.207 92	4.237 09	12.222 25
2014.3	9	7.915 74	7.056 98	8.774 51	3.950 74	11.880 74

时间	Chl-a 实测值	PRE	LMCI_1	UMCI_1	LICI_1	UICI_1
2014.4	9	7.601 82	6.793 97	8.409 66	3.647 54	11.556 10
2014.5	10	11.055 00	8.056 63	14.053 37	6.158 68	15.951 32
2014.10	13	7.915 74	7.056 98	8.774 51	3.950 74	11.880 74
2014.11	11	6.973 96	6.032 30	7.915 63	2.990 19	10.957 74
2015.3	9	7.915 74	7.056 98	8.774 51	3.950 74	11.880 74
2015.4	9	8.857 52	7.515 95	10.199 09	4.760 75	12.954 29
2015.5	10	7.915 74	7.056 98	8.774 51	3.950 74	11.880 74

根据表 10-10，Chl-a 实测值与 PRE_1（预测值）拟合效果不是很好，预测值明显高于实测值，误差在 2μg/L 左右，部分实测值超过了预测值的上限，此模型对于 Chl-a 的预报预警系统的实际意义不大。

10.4　多元回归法建立尼尔基水库库末叶绿素 a 线性回归模型

10.4.1　尼尔基水库叶绿素 a 线性回归模型-库末汛期

尼尔基水库 2011～2015 年水环境监测库末汛期数据见表 10-11～表 10-14 和图 10-3。

根据表 10-11 可知，与 Chl-a 有显著性关系的是 SD、NH_3-N。

表 10-11　尼尔基水库库末汛期数据输入、移去的变量及方法

模型	输入的变量	移去的变量	方法
1		TN	步进（准则：　F-to-enter 的概率 <=0.050，F-to-remove 的概率 >=0.100）
2		TP	步进（准则：　F-to-enter 的概率 <=0.050，F-to-remove 的概率 >=0.100）
3	SD		步进（准则：　F-to-enter 的概率 <=0.050，F-to-remove 的概率 >=0.100）
4		COD_{Mn}	步进（准则：　F-to-enter 的概率 <=0.050，F-to-remove 的概率 >=0.100）
5		pH	步进（准则：　F-to-enter 的概率 <= 0.050，F-to-remove 的概率 >=0.100）
6		DO	步进（准则：　F-to-enter 的概率 <= 0.050，F-to-remove 的概率 >=0.100）
7	NH_3-N		步进（准则：　F-to-enter 的概率 <= 0.050，F-to-remove 的概率 >=0.100）
8		COD	步进（准则：　F-to-enter 的概率 <= 0.050，F-to-remove 的概率 >=0.100）
9		NO_3-N	步进（准则：　F-to-enter 的概率 <= 0.050，F-to-remove 的概率 >=0.100）

注：因变量为 Chl-a

根据表 10-12，最优回归方程为模型 2，随着变量的逐步进入，其相关系数 R 增大，决定系数 R^2 也逐渐增大，且标准估计的误差也逐渐减小。模型 2 相关系数较大，标准估计的误差较小，线性回归的拟合度也最好。其决定系数 R^2 为 0.687，说明其线性相关性很强。

表 10-12　模型汇总

模型	R	R^2	调整 R^2	标准估计的误差	Sig.
1	0.772*	0.596	0.572	1.2724	0.000
2	0.829**	0.687	0.648	1.1546	0.047

* 预测变量为常量、SD

** 预测变量为常量、SD、NH₃-N

　　表 10-13 为线性回归模型的方差分析，为模型整体的显著性检验。模型 2，F 统计量为 17.565，Sig. 值为 0.000，线性回归模型是显著的。

表 10-13　线性回归模型的方差分析

模型		统计量	自由度（dF）	均方	F	Sig.
	回归	40.637	1	40.637	25.102	0.000*
1	残差	27.521	17	1.619		
	总计	68.158	18			
	回归	46.830	2	23.415	17.565	0.000**
2	残差	21.328	16	1.333		
	总计	68.158	18			

注：因变量为 Chl-a

* 预测变量为常量、SD

** 预测变量为常量、SD、NH₃-N

　　根据表 10-14，SD 和 NH₃-N 的 Sig. 值分别为 0.000 和 0.047，自变量之间存在显著性差异，在共线性统计量一栏中，VIF 值均小于 5，容差均大于 0.2，且为倒数关系，可见自变量之间均不共线。

表 10-14　系数

模型		非标准化系数		标准系数 试用版	t	Sig.	共线性统计量	
		B	标准误差				容差	VIF
1	常量	19.083	2.190		8.715	0.000		
	SD	−13.591	2.713	−0.772	−5.010	0.000	1.000	1.000
2	常量	19.156	1.987		9.639	0.000		
	SD	−15.045	2.552	−0.855	−5.895	0.000	0.930	1.075
	NH₃-N	2.164	1.004	0.313	2.155	0.047	0.930	1.075

注：因变量为 Chl-a；B 为方程的系数与常数项

　　根据图 10-3 可见，所有的点均落在直线附近，可认定标准化残差符合正态分布。

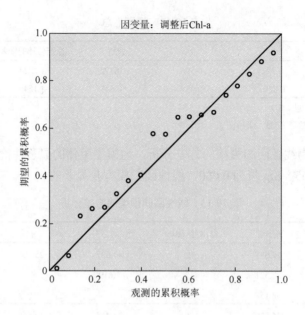

图 10-3 回归标准化残差的 P-P 图

综上所述，自变量 SD、NH$_3$-N 与因变量 Chl-a 之间线性回归方程有意义且存在线性相关关系。将因变量 Chl-a 记为 Y_{Chl-a}，自变量 SD、NH$_3$-N 记为 X_{SD}、X_{NH_3-N}，则尼尔基水库库末汛期的 Chl-a 预测模型为

$$Y_{Chl-a} = 19.156 - 15.045\, X_{SD} + 2.164\, X_{NH_3-N} \tag{10-7}$$

说明：系数绝对值越大，自变量每变化一个单位对因变量 Y_{Chl-a} 的影响也就越大。因而对于 Chl-a 的影响最大的为 SD，其次为 NH$_3$-N。其中，SD 为负相关，NH$_3$-N 为正相关。

10.4.2 尼尔基水库库末叶绿素 a 线性回归模型–库末非汛期

尼尔基水库 2011～2015 年水环境监测库末非汛期数据见表 10-15～表 10-18。根据表 10-15 可知，与 Chl-a 有显著性关系的是 TP、COD、NO$_3$-N。

表 10-15 尼尔基水库库末非汛期数据输入、移去的变量及方法

模型	输入的变量	移去的变量	方法
1		TN	步进（准则：F-to-enter 的概率 <= 0.050，F-to-remove 的概率 >=0.100）
2	TP		步进（准则：F-to-enter 的概率 <= 0.050，F-to-remove 的概率 >= 0.100）
3		SD	步进（准则：F-to-enter 的概率 <=0 .050，F-to-remove 的概率 >= 0.100）

续表

模型	输入的 变量	移去的 变量	方法
4		COD_{Mn}	步进（准则： F-to-enter 的概率 <=0.050，F-to-remove 的概率 >=0.100）
5		pH	步进（准则： F-to-enter 的概率 <=0.050，F-to-remove 的概率 >=0.100）
6		DO	步进（准则： F-to-enter 的概率 <= 0.050，F-to-remove 的概率 >=0.100）
7		NH_4-N	步进（准则： F-to-enter 的概率 <= 0.050，F-to-remove 的概率 >=0.100）
8	COD		步进（准则： F-to-enter 的概率 <= 0.050，F-to-remove 的概率 >= 0.100）
9	NO_3-N		步进（准则： F-to-enter 的概率 <=0.050，F-to-remove 的概率 >= 0.100）

注：因变量为 Chl-a

根据表 10-16，最优回归方程为模型 3，随着变量的逐步进入，其相关系数 R 增大，决定系数 R^2 也逐渐增大，且标准估计的误差也逐渐减小。模型 2 相关系数较大，标准估计的误差较小，线性回归的拟合度也最好。其决定系数 R^2 为 0.648，说明其线性相关性很强。

表 10-16　模型汇总

模型	R	R^2	调整 R^2	标准估计的误差	Sig.
1	0.624*	0.390	0.361	1.4476	0.001
2	0.722**	0.522	0.474	1.3131	0.029
3	0.805***	0.648	0.593	1.1556	0.017

注：因变量为 Chl-a

* 预测变量为常量、TP

** 预测变量为常量、TP、COD

*** 预测变量为常量、TP、COD、NO_3-N

表 10-17 为线性回归模型的方差分析，是模型整体的显著性检验。模型 3 的 F 统计量为 11.673，Sig.值为 0.000，线性回归模型是显著的。

表 10-17　线性回归模型方差分析

	模型	统计量	自由度（dF）	均方	F	Sig.
1	回归	28.130	1	28.130	13.424	0.001*
	残差	44.006	21	2.096		
	总计	72.137	22			
2	回归	37.654	2	18.827	10.920	0.001**
	残差	34.483	20	1.724		
	总计	72.137	22			
3	回归	46.764	3	15.588	11.673	0.000***
	残差	25.373	19	1.335		
	总计	72.137	22			

注：因变量为 Chl-a

* 预测变量为常量、TP

** 预测变量为常量、TP、COD

*** 预测变量为常量、TP、COD、NO_3-N

根据表 10-18，TP、COD、NO_3-N 的 Sig.值分别为 0.000、0.006 和 0.017，自变量之间存在显著性差异，在共线性统计量一栏中，VIF 值均小于 5，容差均大于 0.2，且为倒数关系，可见自变量之间均不共线。所有的点均落在直线附近，可认定标准化残差符合正态分布。

表 10-18　系数

模型		非标准化系数		标准系数	t	Sig.	共线性统计量	
		B	标准误差	试用版			容差	VIF
1	常量	4.110	0.656		6.266	0.000		
	TP	20.029	5.467	0.624	3.664	0.001	1.000	1.000
2	常量	5.443	0.822		6.622	0.000		
	TP	21.129	4.981	0.659	4.242	0.000	0.991	1.009
	COD	−0.067	0.029	−0.365	−2.350	0.029	0.991	1.009
3	常量	5.212	0.729		7.152	0.000		
	TP	18.822	4.471	0.587	4.209	0.000	0.953	1.050
	COD	−0.080	0.026	−0.433	−3.113	0.006	0.956	1.046
	NO_3-N	3.987	1.527	0.370	2.612	0.017	0.922	1.085

注：因变量为 Chl-a

综上所述，自变量 TP、COD、NO_3-N 与因变量 Chl-a 之间线性回归方程有意义且存在线性相关关系。将因变量 Chl-a 记为 Y_{Chl-a}，自变量 TP、COD、NO_3-N 记为 X_{TP}，X_{COD}，X_{NO_3-N}，则尼尔基水库库末非汛期的 Chl-a 预测模型为

$$Y_{Chl-a} = 5.212 + 18.822 X_{TP} - 0.80 X_{COD} + 3.987 X_{NO_3-N} \tag{10-8}$$

系数绝对值越大，自变量每变化一个单位对因变量 Y_{Chl-a} 的影响也就越大。因而对于 Chl-a 的影响最大的为 TP，其次为 NO_3-N 和 COD。其中，COD 为负相关，TP 和 NO_3-N 为正相关。

10.4.3　回归模型预测分析–库末汛期

在 SPSS 中设置置信区间为大于 95%，对 Chl-a 线性回归模型进行预测，用预测结果对模型进行验证，对实测值和预测值进行曲线拟合。预测结果见表 10-19。

表 10-19　尼尔基水库库末汛期 Chl-a 实测值与预测值结果比较

（单位：mg/L）

时间	Chl-a 实测值	PRE	LMCI_1	UMCI_1	LICI_1	UICI_1
2011.6	3.2	5.994 02	4.710 30	7.277 75	3.230 23	8.757 81
2011.7	8.5	7.606 67	6.539 27	8.674 08	4.936 48	10.276 86
2011.8	9.7	9.197 69	8.076 10	10.319 27	6.505 38	11.890 00
2011.9	8.6	8.375 43	7.790 97	8.959 90	5.859 05	10.891 81
2012.6	4.2	4.544 26	3.036 28	6.052 24	1.669 44	7.419 07

续表

时间	Chl-a 实测值	PRE	LMCI_1	UMCI_1	LICI_1	UICI_1
2012.7	7.8	6.416 57	5.538 77	7.294 36	3.816 36	9.016 78
2012.8	9.1	8.656 73	7.944 07	9.369 39	6.107 52	11.205 94
2012.9	8.3	7.553 18	6.696 86	8.409 50	4.960 14	10.146 22
2013.6	5.9	5.431 43	4.244 80	6.618 05	2.711 38	8.151 47
2013.7	8.7	8.267 24	7.702 97	8.831 51	5.755 47	10.779 01
2013.8	9.4	10.117 91	9.180 68	11.055 15	7.497 04	12.738 79
2013.9	8.2	8.733 07	7.608 54	9.857 59	6.039 53	11.426 60
2014.6	9.2	8.094 14	7.521 08	8.667 20	5.580 38	10.607 89
2014.7	9.4	10.247 74	9.231 66	11.263 83	7.597 65	12.897 84
2014.8	10.3	10.074 64	9.161 23	10.988 04	7.462 19	12.687 08
2014.9	11	9.382 21	8.593 82	10.170 61	6.810 81	11.953 62
2015.6	8.1	8.841 26	7.792 08	9.890 43	6.178 30	11.504 21
2015.7	7.2	8.986 23	8.028 73	9.943 74	6.358 04	11.614 42
2015.8	9.2	9.479 59	8.707 94	10.251 23	6.913 26	12.045 91

Chl-a 实测值与 PRE_1（预测值）拟合效果很好，预测值基本接近实测值，虽然有误差，但在可接受的误差范围内，且实测值均在预测值上下限区间内，此模型对于 Chl-a 的预报预警系统具有一定的实际意义。

10.4.4　回归模型预测分析-库末非汛期

在 SPSS 中设置置信区间为大于 95%，对 Chl-a 线性回归模型进行预测，用预测结果对模型进行验证，对实测值和预测值进行曲线拟合。预测结果见表 10-20。

表 10-20　尼尔基水库库中非汛期 Chl-a 实测值与预测值结果比较

（单位：mg/L）

时间	Chl-a 实测值	PRE	LMCI_1	UMCI_1	LICI_1	UICI_1
2011.3	4.1	4.983 52	4.242 90	5.724 13	2.453 97	7.513 06
2011.4	3.6	4.703 98	3.667 85	5.740 11	2.072 70	7.335 26
2011.5	4.4	5.566 42	4.833 33	6.299 50	3.039 07	8.093 77
2011.10	6.2	4.694 00	3.931 38	5.456 62	2.157 93	7.230 08
2011.11	6.1	5.116 07	4.389 50	5.842 64	2.590 60	7.641 54
2012.3	5	5.482 84	4.627 97	6.337 71	2.917 52	8.048 16
2012.4	4.5	5.588 89	4.740 83	6.436 95	3.025 83	8.151 95
2012.5	5.5	4.505 38	3.668 02	5.342 74	1.945 84	7.064 93
2012.10	6.5	6.497 87	5.864 00	7.131 75	3.997 50	8.998 25
2012.11	6.4	5.397 46	4.739 23	6.055 69	2.890 80	7.904 12
2013.3	4.8	5.945 70	4.955 95	6.935 44	3.332 33	8.559 06

时间	Chl-a 实测值	PRE	LMCI_1	UMCI_1	LICI_1	UICI_1
2013.4	4.6	3.850 65	2.778 40	4.922 90	1.204 94	6.496 37
2013.5	4.5	4.486 58	3.479 12	5.494 04	1.866 46	7.106 71
2013.10	7.4	7.371 01	6.469 89	8.272 13	4.789 90	9.952 11
2013.11	7	7.329 49	6.451 92	8.207 05	4.756 51	9.902 46
2014.3	6	6.572 80	5.747 32	7.398 28	4.017 12	9.128 48
2014.4	8	8.671 78	7.151 33	10.192 22	5.814 88	11.528 67
2014.5	9	8.059 06	6.837 29	9.280 84	5.349 30	10.768 83
2014.10	10	7.999 90	7.131 53	8.868 27	5.430 05	10.569 76
2014.11	10	7.923 36	6.759 96	9.086 75	5.239 41	10.607 30
2015.3	6	7.619 84	6.386 46	8.853 22	4.904 83	10.334 86
2015.4	6	6.710 77	5.306 87	8.114 67	3.914 16	9.507 38
2015.5	8	8.522 63	6.995 19	10.050 07	5.662 00	11.383 25

　　根据表 10-20，Chl-a 实际值与 PRE_1（预测值）拟合效果很好，预测值基本接近实测值，虽然有误差，但在可接受的误差范围内，且实测值均在预测值上下限区间内，此模型对于 Chl-a 的预报预警系统具有一定的实际意义。

10.5　本　章　小　结

　　基于尼尔基水库水环境监测指标，包括总氮（TN）、总磷（TP）、透明度（SD）、高锰酸盐指数（COD_{Mn}）、pH、溶解氧（DO）、氨氮（NH_3-N）、化学需氧量（COD）、硝酸盐氮（NO_3-N）的月均质量浓度进行逐步线性回归，得出尼尔基水库坝前、库中、库末的 Chl-a 预测模型。从尼尔基水库 Chl-a 预测模型可以看出，与 Chl-a 的浓度呈现相关性的因子有 TN、TP、NO_3-N、NH_3-N、SD、COD，尤其 Chl-a 的质量浓度与 TN、TP、NO_3-N 的质量浓度呈现极大的正相关性，也就是说 TN、TP、NO_3-N 质量浓度越大，Chl-a 的质量浓度也就越大，与 SD 和 COD 呈现负相关，而与 pH、COD_{Mn}、DO 的质量浓度则没有太大的相关性，没有在模型中体现出来。研究表明，TN、TP、NO_3-N 对 Chl-a 的影响要大于 NH_3-N、SD、COD。本章对尼尔基水库的模型进行了预测分析，分别对所有模型的 Chl-a 质量浓度进行实测值和预测值拟合对比分析，其中坝前汛期、库中非汛期、库末的预测模型预测值均接近实测值，且预测趋势图与实测值曲线图拟合效果很好，多元分析预测法对于 Chl-a 的预测具有实际的意义。

第 11 章 时间序列法

时间序列法是依据预测对象过去的统计数据，找到其随时间变化的规律，建立时序模型，以推断未来的预测方法。其基本思想是：过去的变化规律会持续到未来，即未来是过去的延伸。时间序列平滑法是利用时间序列资料进行短期预测的一种方法。除一些不规则的变动外，过去的时序数据存在着某种基本形态，假设这种形态在短期内不会改变，则其可以作为预测下一期的基础。平滑的主要目的在于消除时序数据的极端值，以某些比较平滑的中间值作为预测的根据（朱钰和杨殿学，2012）。

11.1 时间序列法简介

客观事物的发展是在时间上展开的，任一事物随时间的流逝，都可以得到一系列依赖于时间 t 的数据：$Y_1, Y_2, \cdots, Y_t$，其中，t 代表时间，单位可以是年、季、月等。若事物的发展过程具有某种确定的形式，随时间变化的规律可以用时间 t 的某种确定函数关系加以描述，则称为确定型时序。以时间 t 为自变量建立的函数模型为确定型时序模型。若事物的发展过程是一个随机的过程，无法用时间 t 的确定函数关系加以描述，则称为随机型时序，建立的与随机过程相适应的模型为随机型时序模型。时间序列平滑法、趋势外推法、季节变动预测法为确定型时间序列的预测方法；博克斯-詹金斯法为随机型时间序列的预测方法。

时间序列平滑法是一种较为常用的时间序列法，包括移动平均法与指数平滑法。移动平均法是利用前 T 期的数据求得平均值或者按照一定规则加权求和作为第 $T+1$ 期的预测数据；而指数平滑法是在移动平均法的基础上，利用平滑值对模型进行修正，从而得到预测结果。移动平均法可以很好地消除数据的季节变动、不规则变动的影响，而指数平滑法与移动平均法较为相似，只是对于近期数据给予较大的比重。

11.2 时间序列平滑法计算方法与流程

11.2.1 移动平均法

时间序列虽然或多或少地会受到不规则变动的影响，但若其未来的发展情况能与过去一段时期的平均状况大致相同,则可以采用历史数据的平均值进行预测。建立在平均值基础上的预测方法适用于数据在水平方向波动而没有明显趋势的序列。

给出时间序列 n 期的资料:$Y_1, Y_2, \cdots, Y_t$,选择前 T 期作为实验数据,计算平均值用以测定 $T+1$ 期预测值,即

$$F_{T+1} = \sum_{i=1}^{T} Y_i / T \tag{11-1}$$

式中,F_{T+1} 是 $T+1$ 期的预测值;Y_i 是第 i 期的数值。

用简单平均法预测时,其平均期数随预测期的增大而增大。事实上,当加进一个新数据时,原始数据中的第一个数据作用已经较小,因此衍生出移动平均法。移动平均法是对简单平均法加以改进的预测方法。它保持平均的期数 T 不变,而使所求的平均值随时间变化不断移动。除此之外,一些加权移动平均法也应用在实践当中。

11.2.2　指数平滑法

当移动平均间隔中出现非线性趋势时,给近期观察值赋予较大权数,给远期观察值赋以较小的权数,再进行加权移动平均,预测效果较好。但要为各个时期分配适当的权数,需要花费大量的时间、精力寻找适宜的权数,若只为预测近期的数值,则是极不经济的(张忠平,1996)。指数平滑法通过对权数加以改进,使其在处理时甚为经济,并能提供良好的短期预测精度,因此实际应用较为广泛。目前的指数平滑法种类很多,此处只介绍其中基本的两种。

1. 一次指数平滑法

一次指数平滑法也称为单指数平滑法,其推导公式为

$$F_{t+1} = F_t + \frac{1}{N}(Y_t - Y_{t-N}) \tag{11-2}$$

式中,N 为移动步长;t 为任意时刻;其余同上。

上式推导后得一次指数平滑公式:

$$F_{t+1} = \alpha Y_t + (1-\alpha)F_t \tag{11-3}$$

式中,α 是平滑指数,α 越接近 1,则远期数据对预测值影响越小。

2. 二次指数平滑法

二次指数平滑法也叫双重指数平滑法。一次指数平滑法是一种直接利用平滑值作为预测值的预测方法,二次指数平滑法则是用平滑值对时序的线性趋势进行修正,建立线性平滑模型进行预测。二次指数平滑法也称为线性平滑法。其平滑

公式为

$$S_t^{(1)} = \alpha Y_t + (1-\alpha)S_{t-1}^{(1)} \tag{11-4}$$

$$S_t^{(2)} = \alpha S_t^{(1)} + (1-\alpha)S_{t-1}^{(2)} \tag{11-5}$$

式中，$S_t^{(1)}$、$S_t^{(2)}$ 为一次、二次指数平滑值。由两个平滑值可以计算现行平滑模型的两个参数：

$$a_t = 2S_t^{(1)} - S_t^{(2)} \tag{11-6}$$

$$b_t = \frac{\alpha}{1-\alpha}[S_t^{(1)} - S_t^{(2)}] \tag{11-7}$$

得到现行平滑模型：

$$F_{t+m} = a_t + b_t m \tag{11-8}$$

式中，m 为预测的超前期数。

11.3　时间序列法的应用

现利用新立城水库 2006～2015 年水质监测数据，对新立城水库 2016 年水质指标含量进行预测。为了预测的合理性，首先去除数据中突变过于剧烈的值，然后利用移动平均法对其进行水质预测分析。

如图 11-1 所示，2006～2015 年，新立城水库叶绿素 a 整体上呈现上升趋势，2009 年之前新立城水库叶绿素 a 变化较小，趋势平稳，但是在 2010 年以后，叶绿素 a 变化幅度增大，叶绿素 a 的质量浓度明显增加。

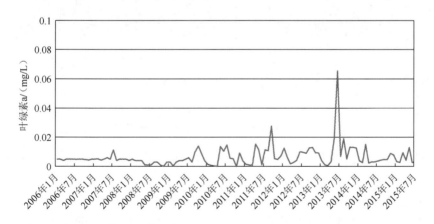

图 11-1　新立城水库 2006～2015 年叶绿素 a 质量浓度变化图

如图 11-2 所示，2006～2015 年，新立城水库高锰酸盐指数变化不大，在 2011 年之前，透明度实际监测记录是记录的范围，没有很高的参考价值，2011 年以后的记录详细，透明度变化范围在 0.2～2m。

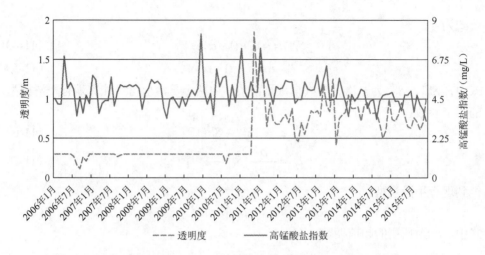

图 11-2　新立城水库 2006～2015 年透明度、高锰酸盐指数质量浓度变化图

如图 11-3 所示，2006～2015 年，新立城水库总氮变化差别不大，除 2007 年突然增大，这一年新立城水库发生水华现象；总磷质量浓度变化显著，2006～2008年、2010 年、2013 年质量浓度偏高。

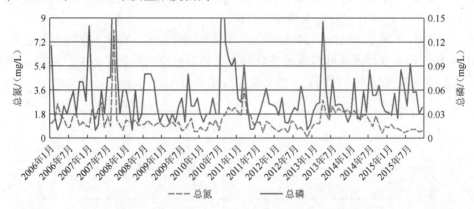

图 11-3　新立城水库 2006～2015 年总氮、总磷质量浓度变化图

利用 2006～2015 年新立城水库水质数据，基于移动平均法对数据进行拟合预测，其具体情况如图 11-4 所示。

图 11-4 中，新立城水库叶绿素 a 的实测值与移动平均法的拟合值有一定的差异，拟合值的变化趋势较为平缓，同时，拟合值变化趋势落后于实测值。

从图 11-5 中可以看出，对于变化幅度不大的数据，移动平均法的预测效果较好，当后期透明度波动剧烈后，移动平滑法拟合值较实测值有一定的误差。

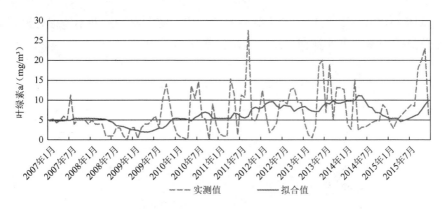

图 11-4　基于移动平均法的新立城水库叶绿素 a 实测值与拟合值

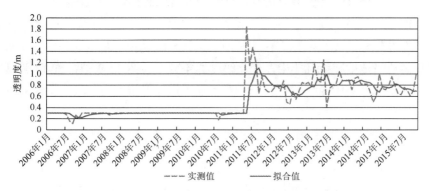

图 11-5　基于移动平均法的新立城水库透明度实测值与拟合值

从图 11-6 中可以看出，新立城水库 10 年来高锰酸盐指数的质量浓度变化幅度较大，但总体保持平稳，而在最近几年，高锰酸盐指数变化幅度减小，拟合值预测结果总体符合实测值变化规律。

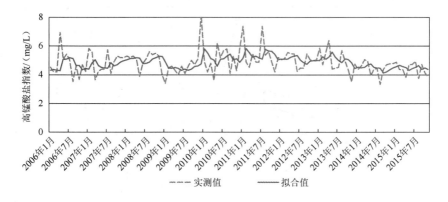

图 11-6　基于移动平均法的新立城水库高锰酸盐指数实测值与拟合值

　　从图 11-7 中可以看出，对于突出的异常值，移动平均法并不能很好地预测，但是总氮的质量浓度实测值与拟合值总体变化趋势相符。

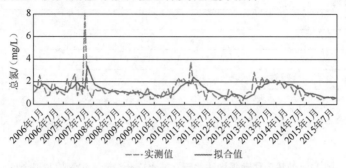

图 11-7　基于移动平均法的新立城水库总氮实测值与拟合值

　　从图 11-8 中可以看出，新立城水库总磷质量浓度变化幅度较大，突出的异常值多分布在每年的 6～9 月，移动平均法进行预测的拟合值变化趋势与实测值相符，总磷质量浓度在近几年中，变化幅度逐年减小。图 11-9～图 11-13 为基于新立城水库 2006～2015 年的数据对 2016 年水质指标的浓度的预测值及实测值。

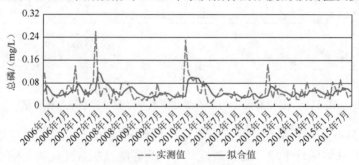

图 11-8　基于移动平均法的新立城水库总磷实测值与拟合值

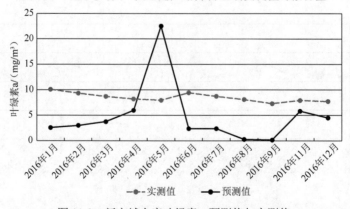

图 11-9　新立城水库叶绿素 a 预测值与实测值

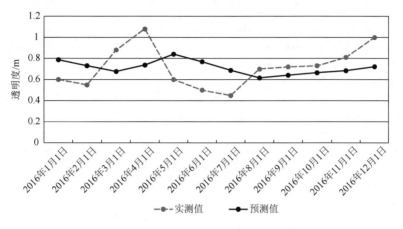

图 11-10　新立城水库透明度预测值与实测值

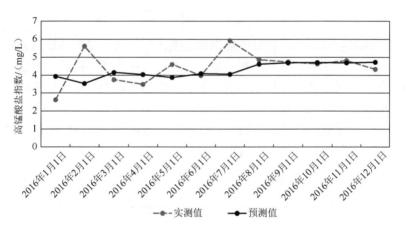

图 11-11　新立城水库高锰酸盐指数预测值与实测值

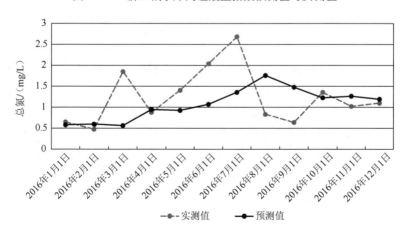

图 11-12　新立城水库总氮预测值与实测值

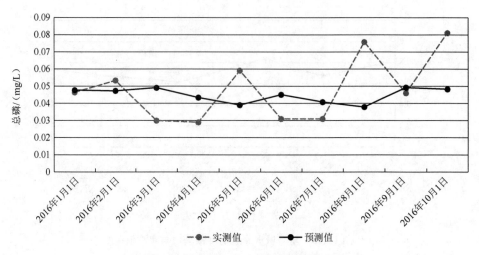

图 11-13　新立城水库总磷预测值与实测值

从上述图表可以看出，高锰酸盐指数的变化预测值与实测值较为相似，其余三个水质指标的预测值与实测值相差较大。其主要原因在于移动平均法对时序数据进行预测时，对于变化幅度较小的数据其预测精度较大，而对于变化幅度较大的数据，其数据精度相对较小。

同时，基于指数平滑法和移动平均法，对上述新立城水库叶绿素 a 数据进行拟合及预测，其结果见图 11-14、图 11-15。

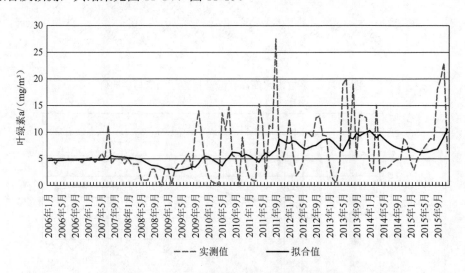

图 11-14　基于指数平滑法实测值与拟合值比较

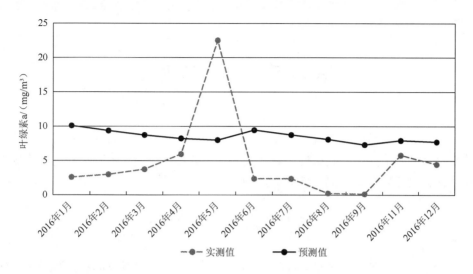

图 11-15　基于移动平均法实测值与预测值比较

　　从预测结果可以看出，无论是移动平均法还是指数平滑法，都弱化了水质指标的变化剧烈程度，造成了一定的预测误差。

11.4　本 章 小 结

　　移动平均法以最近 n 期资料的算数平均值或加权平均值作为下一期的预测值，使用简单，并且可以消除数据的季节变动、不规则变动的影响。指数平滑法与移动平均法相似，不同点是采用该方法预测时，最近的资料所占比重较大。该方法所需保留的资料少、计算方便，是一种经济的短期预测方法。如果数据较为稳定，没有较大波动，则采用时间序列方法预测较为准确。但是当数据如前所述波动较大时，时间序列法对结果的预测不尽如人意，存在一定的误差值。面对此种情况，研究人员一般将这两类方法作为数据平滑的工具，在数据平滑的基础上，找到其变化规律，再对数据进行进一步的预测。

第 12 章　马尔可夫法

马尔可夫法是研究随机时间变化的一种方法。预测对象的变化常因受各种不确定因素的影响而带有随机性，若其具有无后效性，采用马尔可夫法进行流域水质预测会更有效、更方便（Tierney，1994）。

12.1　马尔可夫法简介

马尔可夫法是以数学家 A. A. Markov 的名字命名的一种方法。它将时间序列看作一个随机过程，通过对事物不同状态的初始概率和状态之间转移概率的研究，确定状态变化趋势，以预测事物的未来。若随机变量序列 $\{X(n),n=0,1,2,\cdots\}$ 的参数为非负数，且具有马尔可夫性，则称这一随机过程为马尔可夫链。如果把随机序列 $\{X(n)\}$ 的参数 n 看作时间，t_r 作为"现在"，$t>t_r$ 就是"将来"，$t<t_r$ 则为"过去"，那么，在"现在"已知的条件下，"将来"的情况与"过去"的情况无关，或者说"将来"只是通过"现在"与"过去"发生联系，一旦"现在"已知，"将来"和"过去"就是无关的。随机过程的这种相对独立性被称为马尔可夫性，或无后效性。

12.2　马尔可夫法计算方法与流程

若时间序列 Y_t 在 $t=k+1$ 时刻取值的统计规律只与 Y_t 在 $t=k$ 时刻的取值有关，而与 $t=k-1$ 时刻的取值无关，则称其为一重链状相关时间序列，或称为一重马尔可夫链，或称一重马氏链。同样，若时间序列 $\{Y_t, t=1,2,\cdots\}$ 在 $t=k+1$ 时刻取值的统计规律与 $t=k$ 及 $t=k-1$ 时刻的取值有关，而与 $t=k-1$ 以前的状态无关，则称其为二重链状相关时序，或称二重马氏链，以此类推，可以得到三重、四重马氏链。对于一重马氏链，一步转移概率矩阵全面描述了状态之间相互转移的概率分布，因此，可以根据它对时序未来所处的状态作出预测。一重链状相关预测是利用一步转移概率矩阵直接进行的预测。

12.2.1　划分预测对象状态

若预测对象本身已有状态界限，则可以直接利用。若预测对象本身不存在明显的界限，则需要根据实际情况人为划分。划分时要注意对预测对象进行全面调查了解，并结合预测目的加以分析。

12.2.2　计算初始概率 p_i

初始概率是指状态出现的概率。概率论中已经证明，当状态概率的理论分布未知时，若样本容量足够大，则可以利用样本分布近似地描述状态的理论分布。因此，可以利用状态出现的频率近似地估计状态出现的概率。假定预测对象有状态 $E_i(i=1,2,\cdots,n)$，在已知历史数据中，状态 E_i 出现的次数为 M_i，则 E_i 出现的频率为

$$F_i = \frac{M_i}{N} \tag{12-1}$$

式中，$N = \sum_{i=1}^{n} M_i$，是已知历史数据中所有状态出现的总次数。这样，状态 E_i 出现的概率为

$$p_i \approx F_i = \frac{M_i}{N} \tag{12-2}$$

式中，p_i 满足 $\sum p_i = 1$，即状态的初始概率和为 1。

12.2.3　计算状态的一步转移概率 p_{ij}

同状态的初始概率一样，状态转移概率的理论分布未知，当样本容量足够大时，也可以利用状态之间相互转移的频率近似地描述其概率。假定由状态 E_i 转向 E_j 的个数为 M_{ij}。那么

$$p_{ij} = P(E_i \to E_j) = P(E_j|E_i) \approx F(E_j \mid E_i) = \frac{M_{ij}}{M_i}, \qquad i,j=1,2,\cdots,n \tag{12-3}$$

由于 $\sum_{j=1}^{n} M_{ij} = M_i$，因此 $\sum_{j=1}^{n} p_{ij} = 1(i=1,2,\cdots,n)$。将 n 个状态相互转移的概率排列成表，就得到一步转移概率矩阵 $\boldsymbol{P}$：

$$\boldsymbol{P} = \begin{bmatrix} p_{11} & p_{12} & \cdots & p_{1n} \\ p_{21} & p_{22} & \cdots & p_{2n} \\ \vdots & \vdots & & \vdots \\ p_{n1} & p_{n2} & \cdots & p_{nn} \end{bmatrix} \tag{12-4}$$

矩阵主对角线上的值表示经过一步转移后，仍处在原状态的概率。

12.2.4　预测

假定目前预测对象处在状态 E_i，$p_{ij}=1(i=1,2,\cdots,n)$ 恰好描述了由目前的 E_i 向各个状态转移的可能性，p_{i1} 表示转向状态 E_1 的可能性，p_{i2} 表示转向状态 E_2 可能性……p_{in} 表示转向状态 E_n 的可能性。将 n 个状态转移概率按大小顺序列成不等

式，可能性最大者就是预测的结果，即可以得知预测对象经过一步转移最可能达到的状态。

12.3　马尔可夫法的应用

12.3.1　磨盘山水库简介

磨盘山水库是拉林河流域上游一级控制性工程，位于黑龙江省五常市沙河子镇沈家营村上游 1.8km 处，距哈尔滨市区约 180km，总库容 5.23 亿 m^3，2008 年正式为哈尔滨市供水。水库上游主要分布山河屯林业局 7 个林场和五常市沙河子镇 3 个村，主要入库河流是拉林河、大沙河和洒沙河。由于受到农业排水和居民生活污水等面源污染的影响，磨盘山水库 2008～2012 年年均达到Ⅲ类水质，处于中营养状态，其富营养化倾向不容忽视。磨盘山水库不仅为居民生活和工业生产提供优质可靠水源，同时在水库下游防洪、灌溉等方面发挥着重要作用。因此，良好的水库生态环境对保障中下游的环境质量和水体功能具有重要意义。磨盘山水库是哈尔滨市百万居民的饮用水源地。但是，水库一、二级保护区和准保护区内仍存在着来自农业、居民等方面的非点源污染，氮和磷被认为是影响磨盘山水库水质主要的污染物。

12.3.2　叶绿素 a、氮、磷含量预测

本节基于马尔可夫预测法，利用 2011 年 2 月～2016 年 9 月的资料，对磨盘山水库叶绿素 a、总氮、总磷质量浓度进行预测。从图 12-1 中可以看出，磨盘山叶绿素 a 的质量浓度呈现近似周期性变化趋势。

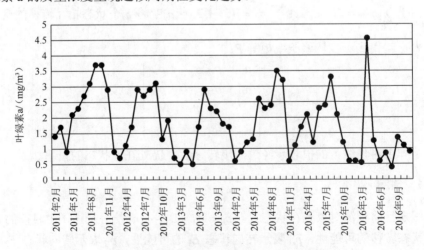

图 12-1　磨盘山水库叶绿素 a 时序监测值

从图 12-2 中可以看出，磨盘山水库总氮的浓度值并没有明显的周期性趋势，其总氮质量浓度上下波动明显，变化趋势剧烈，没有明显的规律，但是在整体的时序上来看，磨盘山水库总氮质量浓度是在逐步趋于稳定的。从图 12-3 中可以看出，磨盘山水库总磷质量浓度随时间变化上下波动，某一部分具有一定的周期性，在时间轴上，整体呈现下降趋势，磨盘山水库总磷质量浓度出现了明显的下降期。根据实际应用的需要，此处将叶绿素 a、总氮、总磷皆划分为 5 种状态，具体划分见表 12-1。

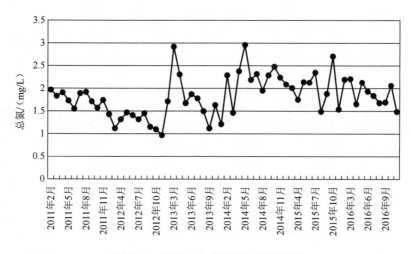

图 12-2　磨盘山水库总氮时序监测值

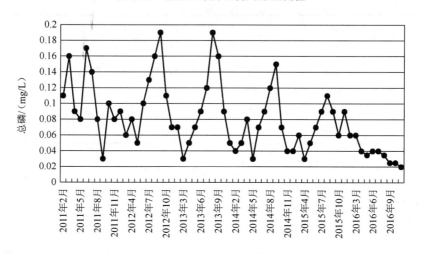

图 12-3　磨盘山水库总磷时序监测值

表 12-1　区间划分及各区间包含数据量

状态	叶绿素 a			总氮			总磷		
	区间下限	区间上限	数量	区间下限	区间上限	数量	区间下限	区间上限	数量
1	0.5	1.31	21	0.97	1.368	8	0.03	0.062	19
2	1.31	2.12	11	1.368	1.766	18	0.062	0.094	19
3	2.12	2.93	14	1.766	2.164	14	0.094	0.126	7
4	2.93	3.74	7	2.164	2.562	11	0.126	0.158	3
5	3.74	4.55	1	2.562	2.96	3	0.158	0.19	6

根据表 12-1 求得初始概率后，根据式（12-3）、式（12-4）得到一步转移概率矩阵，见表 12-2～表 12-4。

表 12-2　叶绿素 a 一步转移概率矩阵

叶绿素 a	p_{i1}	p_{i2}	p_{i3}	p_{i4}	p_{i5}
p_{1j}	0.57	0.24	0.10	0.00	0.05
p_{2j}	0.45	0.27	0.27	0.00	0.00
p_{3j}	0.07	0.07	0.57	0.29	0.00
p_{4j}	0.29	0.14	0.14	0.43	0.00
p_{5j}	1.00	0.00	0.00	0.00	0.00

表 12-3　总氮一步转移概率矩阵

总氮	p_{i1}	p_{i2}	p_{i3}	p_{i4}	p_{i5}
p_{1j}	0.38	0.50	0.00	0.13	0.00
p_{2j}	0.28	0.28	0.28	0.11	0.06
p_{3j}	0.00	0.29	0.43	0.14	0.07
p_{4j}	0.00	0.36	0.18	0.36	0.09
p_{5j}	0.00	0.33	0.00	0.67	0.00

表 12-4　总磷一步转移概率矩阵

总磷	p_{i1}	p_{i2}	p_{i3}	p_{i4}	p_{i5}
p_{1j}	0.53	0.32	0.11	0.00	0.00
p_{2j}	0.47	0.32	0.16	0.00	0.05
p_{3j}	0.00	0.43	0.00	0.29	0.29
p_{4j}	0.00	0.67	0.00	0.00	0.33
p_{5j}	0.00	0.33	0.17	0.17	0.33

根据一步状态转移矩阵，得到各个指标的预测值，见表 12-5。

表 12-5　马尔可夫预测结果

时间	叶绿素 a		总氮		总磷	
	区间下限	区间上限	区间下限	区间上限	区间下限	区间上限
2016 年 6 月	0.5	1.31	1.766	2.164	0.03	0.062
2016 年 7 月	0.5	1.31	1.766	2.164	0.03	0.062
2016 年 8 月	0.5	1.31	1.368	1.766	0.03	0.062
2016 年 9 月	0.5	1.31	1.368	1.766	0.03	0.062
2016 年 10 月	0.5	1.31	1.368	1.766	0.03	0.062
2016 年 11 月	0.5	1.31	1.368	1.766	0.03	0.062

从表 12-6 中可以看到，马尔可夫方法对于叶绿素 a 的预测多数情况下是准确的，从预测数据中可以明显看到，磨盘山水库叶绿素 a 的质量浓度呈现稳定的下降趋势，其数值在 $0.5 \sim 1.31 \mathrm{mg/m^3}$ 徘徊，对比实际磨盘山叶绿素 a 质量浓度值，发现在 2016 年 9 月的预测数值与实际测量数值具有一定的差距，但差距在可接受的范围内；马尔可夫法对总氮的预测总体符合实际水质监测数值，仅 2016 年 10 月的预测数据与实测数据具有一定的偏差，对于马尔可夫法来说，这种误差是难以避免的，但是其多数的预测结果是准确可信的；马尔可夫法对总磷的预测结果全部符合实际测量结果，总磷的质量浓度趋于稳定，并且其数值呈现下降的趋势，从中可以推测磨盘山水库磷污染呈现好转趋势。

表 12-6　实际水质监测指标值

时间	叶绿素 a/（mg/m³）	总氮/（mg/L）	总磷/（mg/L）
2016 年 6 月	0.6	1.935	0.04
2016 年 7 月	0.85	1.84	0.04
2016 年 8 月	0.4	1.68	0.035
2016 年 9 月	1.35	1.695	0.025
2016 年 10 月	1.1	2.065	0.025
2016 年 11 月	0.9	1.485	0.02

12.4　本　章　小　结

对于随机变化的时间预测，马尔可夫法在进行适当的区间状态划分后，能很好地对今后一段时间的变化趋势进行预测，其预测结果也较为可信。但是，经过一段时间以后，马尔可夫链将逐渐趋于这样一种状态，它与初始状态无关，在 $n+1$

期的状态概率与前一期即 n 期的状态概率相等，也就是有前后两期相等。马尔可夫链的这个状态称为稳定状态。若进行水质变化预测，稳定状态意味着各水质指标不再随时间发生变化，或者说达到了均衡状态。稳定状态表明在现有条件下水质长期变化最后所能达到的平均状态。

预测模型只适用于具有马尔可夫行的时间序列（无后效性），并且要求时间序列在要预测的时期内各时刻的状态转移概率保持稳定，即每一时刻向下一时刻变化的转移概率都是一样的，均为一步转移概率。若时序的状态转移概率随不同时刻变化，则不宜采用此方法。由于实际的客观事物很难长期保持同一状态转移概率，故此方法一般适用于短期预测。

第 13 章　BP 神经网络法

人工神经网络（artificial neural network，ANN）是20世纪80年代中期兴起的前沿研究领域。所谓人工神经网络是一种人脑的物理抽象、简化与模拟，是由大量人工神经元广泛连接而成的大规模非线性系统，它为解决非线性、不确定性和不确知性系统问题开辟了一条新的途径，已经成为各领域科学家研究的热点。人工神经网络的主要特点为具有强大的并行处理能力，非线性映射能力，自组织、自学习和自适应功能，容错性（吴开亚等，2008）。它的基本思想是：从外界环境获得资讯，在输入资讯的影响下神经网络进入一定状态，由于神经元之间相互联系以及神经元本身的动力学特性，这种外界刺激的兴奋模式会自动地迅速演变成一种平衡状态。这样，具有特定结构的神经网络就可定义出一类模式变换，即实现一种映射关系。例如在水质评价研究领域，通过对有代表性的水质数据样本进行自学习、自适应等，人工神经网络能够在一定程度上掌握综合水质状况。基于这种特性，国内外学者将人工神经网络技术应用于水环境质量综合评价中。目前在水环境质量综合评价中应用最为广泛的神经网络模型是BP模型。

13.1　概　　述

13.1.1　BP 神经网络的结构

BP 神经网络最常用的是三层网络结构（图 13-1）。它由输入层、输出层和隐含层三个层次组成，不同层神经元之间均为单向连接，各层之间包含权值与阈值。数据由输入层输入，经过隐含层处理后通过输出层输出，若输出结果与预期输出存在误差，则会调整为反向传递并将误差值按连接路径逐层反向传播，修正各层连接权值与阈值。

BP 神经网络的学习过程分为两个阶段。

第一个阶段是输入已知学习样本，通过设置的网络结构和前一次迭代的权值和阈值，从网络的第一层向后计算个神经元的输出。

第二个阶段是对权值和阈值进行修改，从最后一层向前计算各权值和阈值对总误差的影响，据此对各权值和阈值进行修改。以上两个过程反复交替，达到收敛为止。由于误差逐层往回传递，以修正层与层间的权值和阈值，所以称该算法为误差反向传播算法，这种误差反向传播算法可以推广到有若干个中间层的多层网络。标准的 BP 神经网络算法是一种梯度下降学习算法，其权值的修正是沿着误差性能函数梯度的反方向进行的。

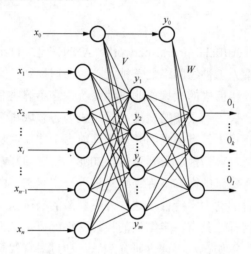

图 13-1　三层 BP 神经网络结构

13.1.2　标准 BP 神经网络算法

　　BP 神经网络算法的基本思想是：学习过程由信号的正向传播与误差的反向传播两个过程组成。正向传播时，输入样本从输入层传入，经过各隐含层逐层处理后，传向输出层。若输出层的实际输出与预期的输出不相等，则转到误差的反向传播阶段，误差反向传播时将输出误差以某种形式通过隐含层逐层反传，并将误差分摊给各层的所有神经元，从而获得各层神经元的误差信号，此误差信号即作为修正各神经元权值的依据。这种信号正向传播与误差反向传播的各层权值调整过程，是周而复始地进行的。

　　BP 神经网络算法的实质是求取误差函数的最小值问题。这种算法采用非线性规划总的最速下降方法，按误差函数的负梯度方向修改权系数。

　　为了说明 BP 神经网络算法，先定义误差函数 e。取期望输出和实际输出之差的平方和为误差函数，则有

$$e = \frac{1}{2}\sum_i \left(X_i^m - Y_i \right)^2 \qquad (13\text{-}1)$$

式中，Y_i 是输出单元的期望值；X_i^m 是实际输出，假设第 m 层是输出层。

由于 BP 神经网络算法按误差函数 e 的负梯度方向修改权系数,故权系数 W_{ij} 的修改量 ΔW_{ij} 和 e 的关系为

$$\Delta W_{ij} = -\eta \frac{\partial e}{\partial W_{ij}} \qquad (13-2)$$

式中, η 为学习速率,即步长。

13.2　BP 神经网络法的应用

13.2.1　评价背景

BP 神经网络相较于传统的水质综合评价方法,不需要构建隶属函数,无需精确描述级别,根据"黑箱"原理进行学习训练,通过各个单元之间的输入输出变量进行相互关系的修正,从而得出满足条件的神经网络。BP 神经网络因运行简单、结果相对客观公正、准确度较高的特点得到广泛应用。本节利用 2011~2015 年的尼尔基水库坝前、库中、库末三断面汛期与非汛期的实测数据,根据 BP 神经网络,对尼尔基水库水质进行综合评价,为今后决策提供参考。

13.2.2　评价指标与数据的选取

本节根据《地表水环境质量标准》(GB 3838—2002),依据实测数据,选取溶解氧(DO)、高锰酸盐指数(COD_{Mn})、化学需氧量(COD)、氨氮(NH_3-N)、总磷(TP)、总氮(TN)作为水质评价因子。

如图 13-2 所示,溶解氧是水质评价中的一项重要指标,生物与物理化学反应大部分都需要以氧气为依托,尼尔基水库在各断面五年内溶解氧质量浓度均较高;磷是藻类生长的必要元素,磷质量浓度以多种方式影响着水质的优劣,尼尔基水库五年中总磷质量浓度差异显著,并且磷质量浓度普遍偏高。高锰酸盐指数与化学需氧量都是水体中有机物被氧化的需氧量,二者之间的差异只在于测定所应用的试剂不同,从而导致结果不同,如图 13-3 所示,高锰酸盐指数与化学需氧量的变化趋势相近,尼尔基水库高锰酸盐指数与化学需氧量的值均较高。氮是生物生长所需的主要元素之一,氨氮是可以直接被植物所吸收的营养物质,如图 13-4 所示,尼尔基水库氨氮与总氮变化趋势相近,氨氮质量浓度较低,总氮质量浓度相对较高。

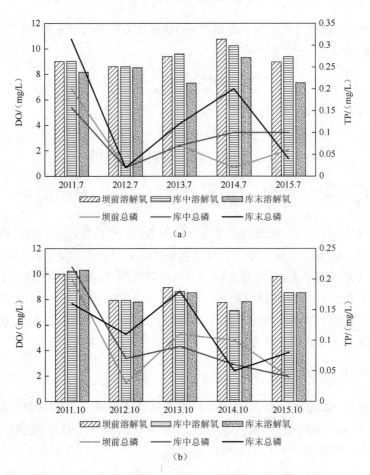

（a）

（b）

图 13-2 尼尔基水库 2011～2015 年溶解氧与总磷质量浓度

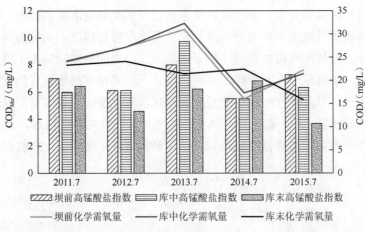

（a）

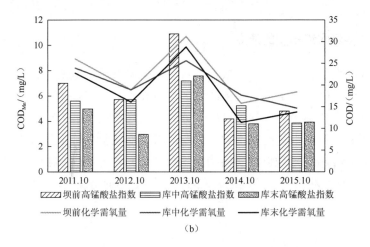

（b）

图 13-3　尼尔基水库 2011～2015 年高锰酸盐指数与化学需氧量质量浓度

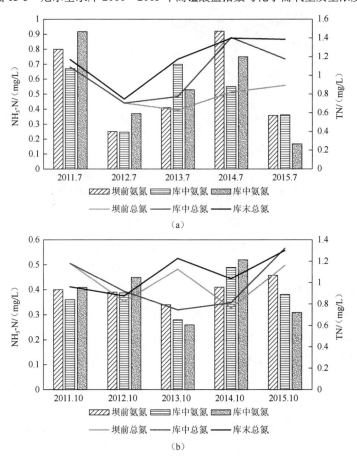

图 13-4　尼尔基水库 2011～2015 年氨氮与总氮质量浓度

13.2.3　BP 神经网络模型的建立

基于前面选取溶解氧、高锰酸盐指数、化学需氧量、氨氮、总磷、总氮作为水质评价因子，因此确定输入层神经元个数为 6 个。在选取隐含层结点数时，隐含层节点数量选取不当，会导致过拟合、降低网络的泛化能力或者导致网络收敛过慢、达不到精度要求等问题，因此需要通过反复试验来确定隐含层的结点数。本节依据 Kolmogorv 定理以及实验确定隐含层单元数为 12，输出层节点为 1。因此，本节 BP 神经网络模型结构为 6-12-1，如图 13-5 所示。

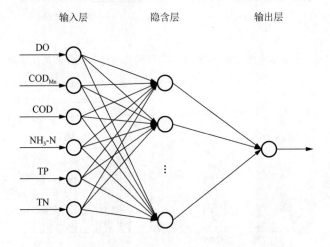

图 13-5　尼尔基水库水质 BP 神经网络评价示意图

根据《地表水环境质量标准》（GB 3838—2002），选取表 13-1 中的水质因子数据作为训练样本。表 13-1 中，假设Ⅰ类水最优时水质因子溶解氧、高锰酸盐指数、化学需氧量、氨氮、总磷、总氮数值分别为 11mg/L、0mg/L、0mg/L、0mg/L、0mg/L、0mg/L，劣Ⅴ类水质上限为 1mg/L、25mg/L、50mg/L、4mg/L、0.4mg/L、3mg/L。增加劣Ⅴ类水质的上限，使 BP 神经网络水质综合评价可以评价劣Ⅴ类水质，而增加最优Ⅰ类水的数值，是为了丰富训练样本，使 BP 神经网络输出结果更稳定、准确。利用 MATLAB2014a 编写算法程序，对前面构建的网络模型进行学习训练。经过反复测试，确定训练次数为 10 000 次，训练目标为 1e-3，训练速率为 0.05，动量前系数为 0.5，其余参数取默认值。反复运行程序，保存最优的训练好的神经网络，得出网络的输出值，如表 13-1 所示。样本实际输出结果与预期输出结果比较，误差在允许范围内，训练后的 BP 神经网络模型合理。

表 13-1　评价因子与期望输出值

水质类别	溶解氧	高锰酸盐指数	化学需氧量	氨氮	总磷	总氮	BP 预期输出值	BP 实际输出值
I	11	0	0	0	0	0	1	1.001
	7.5	2	15	0.15	0.01	0.2	2	2.000
II	6	4	15	0.5	0.025	0.5	3	3.006
III	5	6	20	1	0.05	1	4	4.156
IV	3	10	30	1.5	0.1	1.5	5	5.000
V	2	15	40	2	0.2	2	6	6.000
劣 V	1	25	50	4	0.4	3	7	7.000

13.2.4　评价结果分析

将尼尔基水库 2011～2015 年的水质因子实测样本分别利用 BP 神经网络进行仿真，若输出值在区间[1,2)内，水质类别是 I 类水质，在区间[2,3)内，水质类别是 II 类水质，在区间[3,4)内，水质类别是 III 类水质，在区间[4,5)内，水质类别是 IV 类水质，在区间[5,6)内，水质类别是 V 类水质，在区间[6,7)内，水质类别是劣 V 类水质。对五年中坝前、库中、库末三断面的 BP 神经网络评价见表 13-2、表 13-3（由于国内现行单因子评价方法，所以此处以单因子评价作为参考）。

表 13-2　尼尔基水库汛期水质综合评价

时间	坝前 BP 神经网络评价结果	坝前单因子评价结果	库中 BP 神经网络评价结果	库中单因子评价结果	库末 BP 神经网络评价结果	库末单因子评价结果
2011.7	5.298	劣 V	5.002	劣 V	4.624	劣 V
2012.7	3.822	V	3.822	V	3.546	V
2013.7	4.624	劣 V	5.234	劣 V	4.440	劣 V
2014.7	3.461	IV	5.016	劣 V	5.517	劣 V
2015.7	4.199	V	4.710	劣 V	3.951	V

表 13-3　尼尔基水库非汛期水质综合评价

时间	坝前 BP 神经网络评价结果	坝前单因子评价结果	库中 BP 神经网络评价结果	库中单因子评价结果	库末 BP 神经网络评价结果	库末单因子评价结果
2011.10	5.636	劣 V	5.482	劣 V	4.894	劣 V
2012.10	3.530	IV	3.897	V	3.762	劣 V
2013.10	5.587	劣 V	4.297	V	5.130	劣 V
2014.10	3.635	劣 V	3.671	V	3.528	V
2015.10	4.207	V	4.003	V	4.113	V

从表 13-3 可以看出，近五年中，单因子评价尼尔基水库水质多数是Ⅴ类、劣Ⅴ类水质，BP 神经网络评价水质多是Ⅲ、Ⅳ、Ⅴ类水质，总体来说，尼尔基水库水质污染较为严重，五年来水质并没有明显改善，水体污染治理有待进一步加强。尼尔基水库坝前、库中、库末三断面水质相差不大，水质污染呈现面源污染严重特征。汛期与非汛期水质评价结果近似，水质在一年中随季节没有显著变化。

13.3　BP 神经网络模型预测尼尔基水库水质

13.3.1　预测背景

水质预测目前常用的模式有两种：一种是基于水文数学模型进行机理性水质预测，这种方法由于影响河流水质的因素很多，且各因素与水质之间呈复杂的非线性关系，现有的基于数学表达式的水质预测模型均是近似模型，预测误差大；另一种是利用以人工神经网络进行水质预测为代表的非机理性预测方法。神经网络具有强大自主学习能力，预测精度高、操作简单，也是迄今为止应用较为广泛的网络算法之一。本节结合尼尔基水库实测资料，利用 BP 神经网络对尼尔基水库进行短期水质预测。

13.3.2　BP 神经网络的构建

BP 神经网络模型为反向传播网络模型，通过神经元节点之间的反馈调节机制来实现函数的自拟合。尼尔基水库水质问题严重，主要污染物为氮磷等营养盐，其富营养化问题尤为突出。根据尼尔基水库实际污染状况，以及各个实测指标数据与叶绿素 a 的相关关系，选取叶绿素 a（Chl-a）、总氮（TN）、总磷（TP）、透明度（SD）、高锰酸盐指数（COD_{Mn}）共 5 项指标作为原始数据（表 13-4）。

表 13-4　水质指标与叶绿素 a 的相关系数

水质指标	相关系数
Chl-a	1
TN	−0.55
TP	−0.68
SD	0.6
COD_{Mn}	0.66

利用这 5 项水质测量指标构建 BP 神经网络框架，其具体框架见图 13-6。

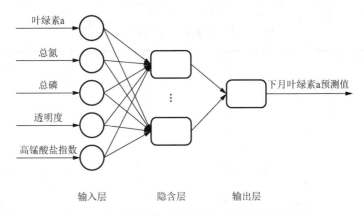

图 13-6　尼尔基水库水质预测 BP 神经网络结构图

利用与叶绿素 a 相关系数较大的实测指标数据来预测下一期叶绿素 a 的值，构建的神经网络包含 1 层输入层，输入层有 5 个神经元节点，分别对应 5 项水质实测指标；为了考虑计算数据的运行速度，仅构建 1 层隐含层神经元节点，利用隐含层节点的确定方法以及 MATLAB 软件反复比较尝试，确定隐含层神经元节点为 5 个时训练结果较为理想；输出层 1 个神经元节点，为下月叶绿素 a 的预测值（陈桦和程云艳，2004）。另外，BP 神经网络运算参数设置如表 13-5 所示。

表 13-5　BP 神经网络参数设定

参数	设定值
net.trainParam.show	100
net.trainParam.lr	0.05
net.trainParam.mc	0.5
net.trainParam.epochs	10 000
net.trainParam.goal	0.001

13.3.3　数据的标准化处理

为了统一数据，将数据化为无量纲的值，同时为了使 BP 神经网络运算更为精确，将各个实测数值统一投影到[0,4]区间上。其计算公式如下：

$$y = \frac{x - \min}{\max - \min} \times 4 \tag{13-3}$$

式中，x 是水质实测指标值；y 是标准化处理后的无量纲数据；$\min$、$\max$ 是各项水质实测指标值的最小值、最大值。

根据公式（13-3），数据标准化处理结果见表 13-6。

表 13-6 尼尔基水库水质标准化处理结果

时间	Chl-a	TN	TP	SD	高锰酸盐指数
2006.3	0.00	1.12	3.09	0.17	0.00
2006.4	0.47	1.30	2.64	0.37	0.06
2006.5	0.81	1.35	2.64	0.50	0.08
2006.6	0.63	0.10	0.23	3.67	0.99
2006.7	0.99	0.10	0.23	4.00	1.64
2006.8	1.96	0.15	0.36	3.67	1.95
2006.9	1.73	0.09	0.41	3.33	2.60
2006.10	0.89	2.99	3.55	0.27	0.04
2006.11	0.21	3.09	3.09	0.30	0.07
2007.3	0.29	1.26	3.09	0.37	0.07
2007.4	0.37	1.44	2.64	0.43	0.08
2007.5	0.71	1.90	3.09	0.60	0.09
2007.6	0.92	0.06	0.14	2.67	1.28
2007.7	1.80	0.12	0.18	3.00	1.58
2007.8	2.25	0.17	0.27	2.33	1.76
2007.9	1.49	0.12	0.00	2.67	1.91
2007.10	1.05	3.31	2.64	0.37	0.14
2007.11	0.84	2.63	3.09	0.47	0.11
2008.3	0.37	2.03	2.18	0.40	0.19
2008.4	0.65	2.31	2.18	0.53	0.19
2008.5	0.78	1.62	1.73	0.70	0.15
2008.6	0.99	0.03	0.00	2.00	1.21
2008.7	1.70	0.07	0.09	2.00	1.47
2008.8	2.33	0.12	0.36	2.33	1.58
2008.9	1.57	0.08	0.27	2.33	1.54
2008.10	1.07	2.40	2.64	0.33	0.08
2008.11	0.71	2.49	3.09	0.40	0.11
2009.3	0.29	3.04	3.55	0.20	0.07
2009.4	0.39	3.54	3.09	0.40	0.11
2009.5	0.84	3.41	2.64	0.73	0.10
2009.6	0.94	0.04	0.23	2.67	2.27
2009.7	1.44	0.03	0.55	2.33	1.94
2009.8	2.54	0.07	0.45	2.33	3.45
2009.9	1.88	0.01	0.59	2.67	3.19
2009.10	0.99	2.95	3.09	0.37	0.07
2009.11	0.37	3.63	3.09	0.27	0.09
2010.3	0.21	2.81	3.09	0.47	0.07
2010.4	0.37	2.58	2.64	0.60	0.08
2010.5	0.81	0.89	3.09	0.77	0.09
2010.6	1.23	0.00	0.45	3.00	2.27

时间	Chl-a	TN	TP	SD	高锰酸盐指数
2010.7	1.93	0.04	0.50	2.67	2.24
2010.8	2.17	0.10	0.77	2.33	2.02
2010.9	1.67	0.07	0.36	3.00	2.49
2010.10	0.78	1.49	2.64	0.37	0.13
2010.11	0.63	2.67	3.09	0.43	0.17
2011.3	0.47	3.41	4.00	0.43	0.05
2011.4	0.50	1.39	3.09	0.30	0.04
2011.5	0.52	2.58	2.64	0.28	0.07
2011.6	0.76	0.12	0.27	3.67	2.20
2011.7	1.33	0.16	0.41	4.00	2.05
2011.8	3.14	0.14	0.23	3.67	1.91
2011.9	1.70	0.15	0.50	3.33	1.80
2011.10	1.20	2.26	2.64	0.73	0.04
2011.11	0.99	2.49	2.64	0.50	0.10
2012.3	0.73	1.75	4.00	0.50	0.07
2012.4	0.50	0.71	3.55	0.00	0.16
2012.5	0.63	2.15	3.55	0.30	0.09
2012.6	2.43	0.15	0.27	2.67	1.54
2012.7	2.43	0.24	0.23	3.00	2.10
2012.8	2.86	0.16	0.23	2.33	1.58
2012.9	2.72	0.25	0.32	2.67	1.94
2012.10	1.52	2.32	2.18	0.23	0.08
2012.11	1.23	2.64	2.64	0.27	0.16
2013.3	0.55	2.95	3.09	0.33	0.07
2013.4	0.52	1.76	3.09	0.30	0.08
2013.5	0.55	2.05	3.55	0.10	0.09
2013.6	2.03	0.14	0.18	2.00	3.03
2013.7	2.22	0.15	0.23	2.00	3.41
2013.8	3.01	0.23	0.27	2.33	2.70
2013.9	1.91	0.25	0.41	2.33	4.00
2013.10	1.49	3.08	1.73	0.30	0.13
2013.11	1.39	4.00	2.18	0.30	0.10
2014.3	1.12	3.35	4.00	0.33	0.11
2014.4	1.79	2.32	3.55	0.53	0.07
2014.5	2.21	3.03	3.09	0.63	0.22
2014.6	3.01	0.19	0.14	2.67	1.94
2014.7	3.22	0.25	0.36	2.33	1.87
2014.8	4.00	0.40	0.05	2.33	1.72
2014.9	3.22	0.21	0.18	2.67	1.63
2014.10	2.43	2.09	2.18	0.53	0.26
2014.11	1.91	2.39	2.18	0.30	0.26
2015.3	0.60	2.98	2.18	0.13	0.05
2015.4	0.86	3.14	2.18	0.20	0.07
2015.5	1.12	1.98	3.55	0.23	0.11
2015.6	2.17	0.20	0.18	3.00	2.01
2015.7	2.17	0.20	0.36	3.00	2.17
2015.8	3.48	0.24	0.32	3.00	2.12

13.3.4　尼尔基水库水质预测

以 2006 年 3 月～2014 年 11 月数据为训练样本的输入数据，以每组数据对应的下月数据的叶绿素 a 的值作为期望输出数据，进行 BP 神经网络的训练，然后将训练好的 BP 神经网络进行尼尔基水库水体叶绿素 a 的预测。训练数据经过 BP 神经网络训练后，其数据实际输出值（拟合值）同期望输出值进行比较，见图 13-7。尼尔基水库近十年来，叶绿素 a 质量浓度在每年内呈现有规律的增减变化，一般在 3 月份水温回暖后浓度开始上升，8 月份达到浓度最高值，之后叶绿素 a 浓度下降。从整体来看，尼尔基水库在 2006 年 3 月～2014 年 11 月，叶绿素 a 的浓度呈现逐年上升趋势，必须要采取人工保护措施及时进行遏制。同时，从图 13-7 中可以看出，水质数据拟合值与实际值变化趋势较为相似，拟合效果十分理想。

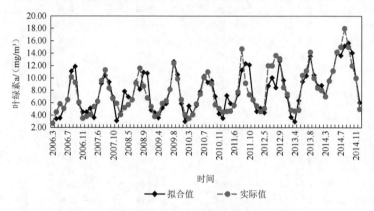

图 13-7　叶绿素 a 数据拟合值与实际值变化图

利用上述训练好的神经网络对 2015 年叶绿素 a 变化趋势进行预测，其预测结果见图 13-8。

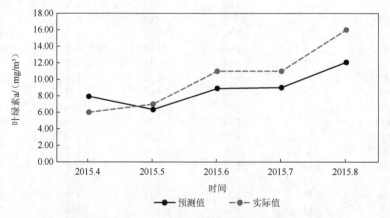

图 13-8　2015 年 4～8 月叶绿素 a 预测值与实际值对比图

从图 13-8 可以看出，在 2015 年 4～8 月，随着气温的回升，叶绿素 a 的浓度逐渐增大，预测效果基本符合尼尔基水库水体叶绿素 a 的变化规律。

13.4　本 章 小 结

BP 神经网络模型评价结果与单因子评价结果变化趋势基本一致，利用 BP 神经网络评价水质的方法，避免了传统综合评价的人为主观性，评价结果更客观、准确，相较于其他传统评价方法，其输出值可以区分同一类别水质的好坏。例如，2015 年库中水质 BP 神经网络评价为 4.003，表明水质属于Ⅳ类水中较为良好的水质，水质等级接近Ⅲ类水质，其更好地表现了水质的具体状态。利用 BP 神经网络与单因子评价方法对尼尔基水库水质评价结果进行比较，单因子评价方法以水质最差的单项指标所属类别来确定水体综合水质类别，其评价结果会造成水体生态资源浪费以及水体治理的投入过大等问题，而 BP 神经网络应用于水质综合评价，从实测数据与评价结果比较，可以看出其结果更具有合理性。相较于传统的综合评价方法，BP 神经网络评价方法无需构建复杂的参数方程，评价结果更为客观、可靠。从 BP 神经网络评价中得到，尼尔基水库水质总体较差，近年来没有明显改善，综合水质多数属于Ⅳ类水质，需要及时得到治理与保护。

基于 BP 神经网络的水体质量预测方法具有以下几个优点。

（1）具有非机理性方法的统一优势，预测方法简单，便于操作，不需要大量的机理性研究。

（2）神经网络方法利用计算机自动构建数据模型，弥补了人工构建非机理性模型的不足，使模型更能反映水质真实现状。

当然，BP 神经网络预测仍然存在一些问题，比如说 BP 神经网络预测需要大量的历史数据，同时 BP 网络收敛速度慢，容易陷入局部最小值，需要构造训练样本集等。

MATLAB 软件是美国 MathWorks 公司出品的商业数学软件，作为 BP 神经网络的操作基础，用于算法开发、数据可视化、数据分析以及数值计算的高级技术计算语言和交互式环境，主要包括 MATLAB 和 Simulink 两大部分。MATLAB 软件主要面对科学计算、可视化以及交互式程序设计的高科技计算环境。它将数值分析、矩阵计算、科学数据可视化以及非线性动态系统的建模和仿真等诸多强大功能集成在一个易于使用的视窗环境中，为科学研究、工程设计以及必须进行有效数值计算的众多科学领域提供了一种全面的解决方案，并在很大程度上摆脱了传统非交互式程序设计语言（如 C 语言、Fortran）的编辑模式，代表了当今国际科学计算软件的先进水平。MATLAB 软件具有以下优点。

（1）高效的数值计算及符号计算功能，能使用户从繁杂的数学运算分析中解脱出来。

（2）具有完备的图形处理功能，实现计算结果和编程的可视化。

（3）友好的用户界面及接近数学表达式的自然化语言，使学者易于学习和掌握。

（4）功能丰富的应用工具箱（如信号处理工具箱、通信工具箱等），为用户提供了大量方便实用的处理工具。

第 14 章　贝叶斯网络评价法

贝叶斯理论是一种极其有效的量化不确定机理模型参数的方法。贝叶斯网络作为一种统计模型，无需建立复杂的模型，具有较强的适应性和抗噪声能力，当缺乏监测数据时，可以将未知变量同模型参数一起进行贝叶斯估计，量化不确定性；当数据充足时，利用贝叶斯网络能够避免复杂机理模型的模拟耗时，有效提高计算能力。本章在系统介绍贝叶斯理论和贝叶斯网络的组成、特点及分类的基础上，总结国内外贝叶斯网络的研究进展，阐述贝叶斯网络模型的数据驱动及机理模型，分析贝叶斯网络技术在水环境管理中的应用，提出贝叶斯网络的发展方向，为流域水环境管理提供技术支持。

14.1　概　　述

14.1.1　贝叶斯网络技术原理

贝叶斯网络（贝叶斯信度网络）是一种基于概率知识的图解模型，能够表示变量之间的相互不确定性关系。贝叶斯网络的定义是美国加州大学 J. Pearl 教授提出的，以随机变量作为网络节点，条件概率关系作为网络链路，构建数据间的拓扑关系。能够有效构建知识体系与现实数据的关系对应，并根据贝叶斯方法对数据进行处理、学习。贝叶斯网络目前已经成为广泛应用的人工智能方法之一。贝叶斯网络主要由两部分组成：①有向无环图，系统中的每个研究变量用一个节点（随机变量）表示，节点之间的有向边表示直接因果关系，如果变量 A、B 间有直接因果关系，由一条由 A 到 B 的有向边表示；②条件概率表，表示变量之间具体的依赖程度，即在其父节点发生的情况下，子节点发生的概率。

14.1.2　贝叶斯网络技术发展阶段

贝叶斯网络技术的发展主要经历了三个阶段：①20 世纪 90 年代之前，建立贝叶斯网络理论体系和不确定性推理的研究，根据专家知识学习构建贝叶斯网络；②20 世纪 90 年代，根据数据和专家知识构建贝叶斯网络，建立许多经典的贝叶斯网络学习算法；③21 世纪初，主要应用贝叶斯网络来解决实际问题。目前，贝叶斯网络已被广泛地应用于统计决策、专家系统等领域。

14.1.3　贝叶斯网络技术的优势

动态贝叶斯网络成为处理随机过程性质的概率模型的一种方法。贝叶斯网络具有以下优点：①能够挖掘出知识的隐含性；②是一种具有不确定性的因果关联模型，具备较强的抗噪声能力；③能有效进行多源信息表达与融合；④具有并行推理能力和全局更新能力；⑤可简化知识获取和领域建模过程，节省存储空间，降低推理过程的复杂性；⑥通过参数的更新能保证与环境变化同步，便于处理异常情况。

14.2　贝叶斯网络评价法计算方法及功能

14.2.1　贝叶斯网络模型方法

建立贝叶斯网络模型主要分为两步：①建立贝叶斯网络的有向无环图，即分析确定系统中变量间的因果关系，即贝叶斯网络结构学习，贝叶斯网络结构学习的目的就是基于观测数据，寻找与数据所反映的变量间的关系相适应的有向无环图；②贝叶斯网络结构建成后，需要知道变量间的定量关系，即确定出条件概率表，这一过程为贝叶斯网络的参数学习。贝叶斯网络参数学习是通过观测数据估计网络中节点的边缘分布、父节点和子节点间的条件概率。

构建贝叶斯网络的方法可分为静态和动态两种方法。静态方法是指根据可获得的统计数据，利用贝叶斯网络进行学习，得到一个网络拓扑结构和相应的参数。这种方法被广泛应用于数据处理和挖掘等人工智能领域。其特点是通过有限的知识，构建起一个数学模型，并进行决策。静态方法的优点是对特定的专业知识依赖少，完全依赖数据，可以自主发现知识，自主决策；其缺点是物理意义不明确，对于动态变化的环境适应性差。动态方法首先融合动态模型，例如系统动力学模型，然后通过贝叶斯方法进行参数校准。这是一种将人工智能和特定专业知识相结合的方法。其优点是明确了构建的贝叶斯网络的物理意义，适合动态环境，但不能自主发现知识，尤其是不能够发觉复杂环境多类型隐含的数据或状态，对前期专业知识依赖比较大。

贝叶斯网络的概率推理方法有精确推理和近似推理两种。对于如何选择贝叶斯网络推理方法，分两种情况考虑：如果贝叶斯网络的结构比较简单且节点数量少，可采用贝叶斯网络的精确推理，并针对实际情况选择恰当的算法；如果贝叶斯网络结构复杂且节点数量多，可采用近似推理算法。也有一种扩展的贝叶斯网络，将某些变量间的关系用机理模型来表示。机理模型的随机模拟反映了变量间的概率统计关系，其可以通过机理模型的随机模拟得到。

14.2.2 基于贝叶斯理论的水质评价

应用贝叶斯公式评价水环境质量（张庆庆，2012），在水质信息匮乏条件下，似然函数是水质评价的关键，通常采用两种方法来计算：①几何概率中的距离法，构造监测断面指标与水质标准类型间的距离绝对值的倒数进行计算；②用抽样误差正态分布原理计算，各指标的权重采用等权重、相关系数法和熵权法估算。贝叶斯公式克服了水质评价方法普遍存在的计算量大、计算复杂的缺点，提供了在已有信息条件下将先验概率转化为后验概率的有效方法，能满足样本少、效率高的计算要求。

14.2.3 基于贝叶斯统计推断的水环境模型参数识别

水环境模型蕴含着污染物迁移转化规律的必然信息，同时还具有短期观测的随机信息。水环境模型从构建到应用可分为收集数据、选择模型、参数识别、模型验证、模型应用五个步骤。其中，参数识别是建立水环境模型的一个关键步骤，将贝叶斯方法引入参数识别这一环节，可在一定程度上有效地解决模型中的不确定性问题。贝叶斯统计法同时考虑模型结构、数据信息和先验分布三类信息，为具有不可识别参数的模型研究提供了新思路（马冯，2016）。贝叶斯网络使用图模型来表示变量间的因果关系，通过概率理论来描述变量之间的概率依赖程度，具有强大的不确定性推理和数据分析功能，是一种定性和定量分析结合的不确定性推理方法。

14.2.4 贝叶斯网络技术在流域水环境模型预测中的应用

随着计算机运行能力的大幅提高，贝叶斯网络可方便地表征多变量之间的相互影响关系，均衡考虑目标之间的矛盾，在水质评价、模型预测、水资源管理和风险决策过程中应用广泛。Varis（1994）将贝叶斯网络应用于环境与资源系统中，通过贝叶斯网络评价气候变化对地表水的影响。Borsuk 等（2001）将贝叶斯网络应用于富营养化模型中，分析其中的不确定性并进行富营养化预测。在国内也有针对贝叶斯网络在环境领域应用的研究。孙鹏程和陈吉宁（2009）通过贝叶斯网络直观地表示事故风险源和河流水质之间的相关性，用时序蒙特卡罗法将风险源状态模拟、水质模拟和贝叶斯网络推理耦合，对多个风险源共同影响下的河流突发性水质污染事故的超标风险进行量化评估。应用贝叶斯网络的诊断推理功能，可识别各个风险源对系统风险的贡献大小，为风险源管理提供依据。

14.2.5 贝叶斯网络的功能

基于历史数据和研究成果，导入贝叶斯网络让其自动学习，可以实现以下几个功能。

（1）基于地方特色的模型构建。在现实子图和观测子图的构建中引入地理信息系统（geographic information system，GIS），构建基于当地地理信息的独特的贝叶斯网络，突出数据自身的地方特色，构建地方水生态数据模型。

（2）生态风险评估。获得当前数据后，实现对生态环境的实时风险评估，在表示子图中呈现评估结果。

（3）环境污染源追踪。对于目前的观测结果，采用基于后验概率的假设检验方式，计算现实子图中可能的污染源。

（4）相关性评估。分析各个子图及其各节点的相关性，找到影响生态风险评估的最相关的因素，优化贝叶斯网络的结构，并能够直观地看到影响环境的各个要素。

（5）生态环境模拟。调节各节点参数，模拟对环境的影响。尤其对于决策子图，决策结果是长期的，采用贝叶斯网络对决策结果进行模拟，可以提供在数学模型上的参考依据。

14.3　贝叶斯网络算法的应用

14.3.1　设计思路

为了能够简化分析且给予一个明确的物理关系，根据生态环境所涉及的领域和各项指标，将功能与作用相近的贝叶斯网络节点作为同一个集合，称为子图。根据生态网络的粗略划分，将贝叶斯网络分为六个子图，分别为决策子图、现实子图、观测子图、表示子图、评判子图和辅助子图。

（1）决策子图。表示某些人为决策的因素对环境的影响，例如政策法规的实施、公众的环境意识提高、环保技术创新所带来的好处等。

（2）现实子图。不同的社会功能单元对环境的影响，例如旅游业、农业、工业等带来的水源消耗以及污水的排放。

（3）观测子图。环境是否污染，不能直接通过前两个子图判断，因而需要有一些观测指标。所有的观测指标在拓扑逻辑上构成观测子图，例如生物多样性指标、化学元素指标和生物生存指标等。观测子图是本项目的关键，直接决定着网络模型的建立和风险决策评估。

（4）表示子图。当获得观测值后，可通过贝叶斯网络进行推理，获取我们需要的环境指标，例如水体质量。

（5）评判子图。这是一个可扩展的功能，即基于当前的状态，检测环境对其他领域的影响。它是环境领域与其他科研领域相通的接口，为未来的发展和研究提供一个参考。

（6）辅助子图。在设计贝叶斯网络时，除了考虑数据的建模，还扩展出了一个功能子图，称为辅助子图，用于分析直接关系外的可能影响观测值以及最终决策的其他因素。

这些子图的划分并不是将贝叶斯网络进行分割，而是一种逻辑功能的划分，便于设计和理解。其实每一个子图内的节点都会与外部其他子图的节点紧密联系，如果基于拓扑学的角度对贝叶斯网络进行划分，其划分结果肯定与这六个功能子图的划分方法截然相反。

按照贝叶斯概率公式可以计算任意两个断面之间的关系，假设任意断面之间的水质状况为互相独立事件，即下游水质状况的概率分布状况不受上游水质状况影响，这种假设是出于监测数据质量的考虑，即由于不同断面水质的采样时间、采样频率不同，无法计算其条件概率。因此为保证贝叶斯网络模型的准确性与易用性，在上游断面中挑选采样时间较为接近、采样频率较为一致的断面，并综合考虑对尼尔基水库水质有较为明显影响的断面，构成贝叶斯网络模型的节点。按照尼尔基水库上游到下游水质影响的情况，干流上游断面依次为石灰窑断面、嫩江排污口断面、繁荣新村断面，其他支流断面的采样频率与以上断面存在较大的差异，因此不可用于模型。

14.3.2　基于贝叶斯技术评价与预测尼尔基水库水质

针对尼尔基水库上游繁荣新村断面、石灰窑断面、嫩江浮桥断面、柳家屯断面、尼尔基库末断面、尼尔基库中断面、尼尔基坝前断面，按照贝叶斯概率公式，对采样数据进行分析，对照地表水水质标准，计算各个采样点不同水质指标取不同等级的概率，详见表 14-1～表 14-7。

表 14-1　繁荣新村断面各水质指标取不同等级的单独概率表　　　　（单位：%）

等级	高锰酸盐指数	化学需氧量	氨氮	总磷
I	0	33.33	0	0
II	28.57	16.67	43	100
III	42.86	16.67	57	0
IV	28.57	33.33	0	0
V	0	0	0	0

表 14-2　石灰窑断面各水质指标取不同等级的单独概率表　　　　（单位：%）

等级	高锰酸盐指数	化学需氧量	氨氮	总磷
I	0	33.33	0	16.67
II	33.33	16.67	80	83.33
III	33.33	33.33	20	0
IV	33.34	16.67	0	0
V	0	0	0	0

表 14-3　嫩江浮桥断面各水质指标取不同等级的单独概率表　　　（单位：%）

等级	高锰酸盐指数	化学需氧量	氨氮	总磷
I	14.28	33.33	0	14.3
II	14.29	16.67	67	85.7
III	57.14	16.67	33	0
IV	14.29	33.33	0	0
V	0	0	0	0

表 14-4　柳家屯断面各水质指标取不同等级的单独概率表　　　　（单位：%）

等级	高锰酸盐指数	化学需氧量	氨氮	总磷
I	42.86	50	85	28.57
II	14.28	0	8	71.43
III	14.28	16.67	4	0
IV	28.58	33.33	2	0
V	0	0	1	0

表 14-5　尼尔基库末断面各水质指标取不同等级的单独概率表　　（单位：%）

等级	高锰酸盐指数	化学需氧量	氨氮	总磷
I	0	16.67	0	0
II	42.31	37.5	0	26.92
III	23.08	12.5	29.17	57.7
IV	34.61	33.33	37.5	15.38
V	0	0	33.33	0

表 14-6　尼尔基库中断面各水质指标取不同等级的单独概率表　　（单位：%）

等级	高锰酸盐指数	化学需氧量	氨氮	总磷
I	2.38	2.44	0	0
II	4.76	4.88	0	69.23
III	40.48	29.27	62.5	30.77
IV	50	56.1	33.33	0
V	2.38	7.31	4.17	0

表 14-7　尼尔基坝前断面各水质指标取不同等级的单独概率表　　（单位：%）

等级	高锰酸盐指数	化学需氧量	氨氮	总磷
I	0	0	0	0
II	4.88	0	0	57.69
III	39.02	38.1	66.67	26.92
IV	53.66	61.9	33.33	15.39
V	2.44	0	0	0

从实际情况以及相关经验出发，设置其所有水质指标取不同等级的概率服从正态分布，即取等级 I 与等级 V 的概率最小，取等级 II 与等级 IV 的概率较大，而取等级 III 的概率最大，这里采用了[5,20,40,30,5]的取值。

14.3.3　贝叶斯网络模型模拟结果

1. 高锰酸盐指数

不同断面水质指标取不同等级的概率分布情况，根据概率论理论与公式计算在尼尔基库末 COD_{Mn} 水质为不同等级的条件下，上游四个断面 COD_{Mn} 水质为不同等级的条件概率（表 14-8～表 14-13），并经条件概率输入到贝叶斯网络模型中，得到如图 14-1 所示模型。

表 14-8　石灰窑-尼尔基库末 COD_{Mn} 排放的条件概率表

等级	I	II	III	IV	V
I	100	0	0	0	0
II	50	50	0	0	0
III	0	0	100	0	0
IV	0	0	0	100	0
V	0	0	0	0	100

表 14-9　嫩江浮桥-尼尔基库末 COD_{Mn} 排放的条件概率表

等级	I	II	III	IV	V
I	0	100	0	0	0
II	0	100	0	0	0
III	0	0	75	25	0
IV	0	0	0	100	0
V	0	0	0	0	100

表 14-10　柳家屯-尼尔基库末 COD_{Mn} 排放的条件概率表

等级	I	II	III	IV	V
I	0	66.7	33.3	0	0
II	0	0	100	0	0
III	0	0	0	100	0
IV	0	0	50	50	0
V	0	0	0	0	100

表 14-11　嫩江排污口-尼尔基库末的 COD_{Mn} 排放的条件概率表

等级	I	II	III	IV	V
I	0	28.6	42.8	28.6	0
II	0	28.6	42.8	28.6	0
III	0	28.6	42.8	28.6	0
IV	0	28.6	42.8	28.6	0
V	0	28.6	42.8	28.6	0

表 14-12　库末-库中的 COD_{Mn} 排放的条件概率表

等级	I	II	III	IV	V
I	100	0	0	0	0
II	0	0	33	67	0
III	0	0	67	33	0
IV	0	0	100	0	0
V	0	0	0	0	100

表 14-13　库中-坝前的 COD_{Mn} 排放的条件概率表

等级	I	II	III	IV	V
I	0	0	0	100	0
II	0	0	0	100	0
III	0	0	76.470 59	23.529 41	0
IV	0	0	5.555 556	94.444 44	0
V	0	0	50	50	0

　　获得基本的 COD_{Mn} 贝叶斯网络模型之后对网络进行编制，使网络能够自动计算尼尔基库末的 COD_{Mn} 水质取不同等级时，上游四个空间因素的 COD_{Mn} 水质取不同等级时的概率。由图 14-1 所示，当尼尔基坝前的 COD_{Mn} 水质为 I ～ V 类时的概率分别为 0%、0%、37.7%、62.3%、0%，上游石灰窑断面的 COD_{Mn} 水质为 I ～ V 类时概率分别为 0%、33.3%、33.3%、33.4%、0%，嫩江浮桥断面

COD_{Mn} 水质为 I ~ V 类时概率分别为 16.7%、16.7%、33.3%、33.4%、0%，柳家屯断面 COD_{Mn} 水质为 I ~ V 类时的概率分别为 42.9%、14.3%、14.3%、28.6%、0%，嫩江排污口处 COD_{Mn} 水质为 I ~ V 类时的概率分别为 5%、20%、40%、30%、5%。

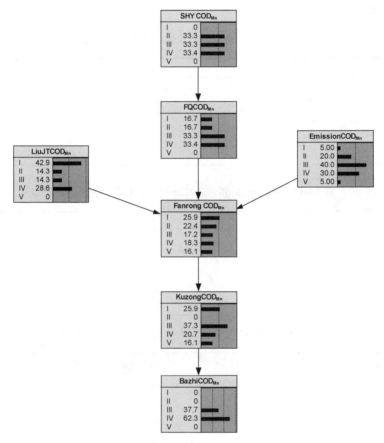

图 14-1 COD_{Mn} 贝叶斯网络模型图

例如，当上游的 4 个空间因素的高锰酸盐指数全部为 II 时，贝叶斯网络模型给出的尼尔基库末预警状况如下：I 类水质概率为 17.1%，II 类水概率为 14.1%，III 类水概率为 20.3%，IV 类水概率 41.7%，V 类水概率为 6.84%。整体水质情况在 IV 类的概率最大，主要是由于非点源排放未被考虑到模型中，因为非点源的排放无法被监测，没有相应的样本供网络模型学习。库中的水质概率分布情况则如下：I 类水概率为 17.1%，II 类水概率为 0%，III 类水概率为 59.9%，IV 类水概率为 16.2%，V 类水概率为 6.84%。坝前的水质概率分布情况如下：I 类水、II 类水、V 类水概率为 0%，III 类水概率为 50.2%，IV 类水概率为 49.8%。

2. 化学需氧量

与 COD_{Mn} 类似，由贝叶斯概率公式分别计算尼尔基库末（繁荣新村断面）的化学需氧量为不同等级的条件下，上游四个断面的化学需氧量分别取为不同等级的条件概率，如表 14-14～表 14-19。

表 14-14　石灰窑-尼尔基库末化学需氧量条件概率表

等级	I	II	III	IV	V
I	100	0	0	0	0
II	0	0	100	0	0
III	0	0	50	50	0
IV	0	0	0	100	0
V	0	0	0	0	100

表 14-15　嫩江浮桥-尼尔基库末化学需氧量条件概率表

等级	I	II	III	IV	V
I	100	0	0	0	0
II	100	0	0	0	0
III	0	0	100	0	0
IV	0	0	0	100	0
V	0	0	0	0	100

表 14-16　柳家屯-尼尔基库末化学需氧量条件概率表

等级	I	II	III	IV	V
I	50	0	50	0	0
II	100	0	0	0	0
III	0	0	0	100	0
IV	50	0	0	50	0
V	0	0	0	0	100

表 14-17　嫩江排污口-尼尔基库末化学需氧量条件概率表

等级	I	II	III	IV	V
I	33.33	16.67	16.67	33.33	0
II	33.33	16.67	16.67	33.33	0
III	33.33	16.67	16.67	33.33	0
IV	33.33	16.67	16.67	33.33	0
V	33.33	16.67	16.67	33.33	0

表 14-18　库末-库中化学需氧量条件概率表

等级	I	II	III	IV	V
I	0	0	50	50	0
II	0	0	33	67	0
III	0	0	0	100	0
IV	0	0	87.5	12.5	0
V	0	0	0	0	100

表 14-19　库中-坝前化学需氧量条件概率表

等级	I	II	III	IV	V
I	0	0	100	0	0
II	0	50	0	50	0
III	0	0	91.67	8.33	0
IV	0	0	17.39	78.26	4.35
V	0	33	33	34	0

将上述表格输入贝叶斯网络模型中，获得基本的化学需氧量贝叶斯网络模型，之后对网络进行编制，使网络能够自动计算尼尔基库末（繁荣新村断面）化学需氧量取不同等级时，上游四个断面的化学需氧量为不同等级时的概率（图 14-2）。

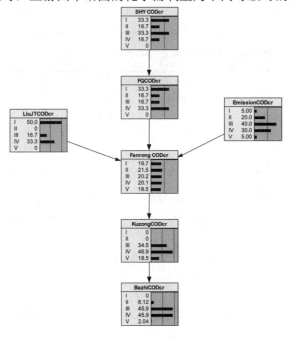

图 14-2　化学需氧量指标的贝叶斯网络模型

3. 氨氮

参照表 14-14～表 14-19 中的水质为不同类型的独立事件概率表,由贝叶斯概率公式计算出尼尔基库末(繁荣新村断面)的氨氮分别为不同等级下,上游四个断面的氨氮浓度为不同等级的条件概率,如表 14-20～表 14-25 所示。

表 14-20　石灰窑-尼尔基库末氨氮浓度条件概率表

等级	I	II	III	IV	V
I	100	0	0	0	0
II	0	80	20	0	0
III	0	0	100	0	0
IV	0	0	0	100	0
V	0	0	0	0	100

表 14-21　嫩江浮桥-尼尔基库末氨氮浓度条件概率表

等级	I	II	III	IV	V
I	100	0	0	0	0
II	0	50	50	0	0
III	0	33.3	66.7	0	0
IV	0	0	0	100	0
V	0	0	0	0	100

表 14-22　柳家屯-尼尔基库末氨氮浓度条件概率表

等级	I	II	III	IV	V
I	0	100	0	0	0
II	0	0	100	0	0
III	0	0	100	0	0
IV	0	0	0	100	0
V	0	0	0	0	100

表 14-23　嫩江排污口-尼尔基库末氨氮浓度条件概率表

等级	I	II	III	IV	V
I	0	42.86	57.14	0	0
II	0	42.86	57.14	0	0
III	0	42.86	57.14	0	0
IV	0	42.86	57.14	0	0
V	0	42.86	57.14	0	0

表 14-24　库末-库中氨氮浓度条件概率表

等级	I	II	III	IV	V
I	100	0	0	0	0
II	0	100	0	0	0
III	0	0	85.714 29	14.285 71	0
IV	0	0	55.555 56	44.444 44	0
V	0	0	50	37.5	12.5

表 14-25　库中-坝前氨氮浓度条件概率表

等级	I	II	III	IV	V
I	100	0	0	0	0
II	0	100	0	0	0
III	0	0	80	20	0
IV	0	0	37.5	62.5	0
V	0	0	0	0	100

　　将上述表格输入贝叶斯网络模型中，获得基本的氨氮贝叶斯网络模型，之后对网络进行编制，使网络能够自动计算尼尔基库末（繁荣新村断面）氨氮取不同等级时，上游四个断面的氨氮取不同等级时的概率（图 14-3）。

　　如图 14-3 所示，尼尔基库末（繁荣新村断面）的氨氮水质为 I ～ V 的概率分别为 19.5%、14.9%、21.9%、24%、19.8% 的情况下，石灰窑断面的氨氮水质为 I ～ V 类的概率分别为 83.3%、16.7%、0%、0%、0%；嫩江浮桥断面的氨氮水质为 I ～ V 类的概率分别为 0%、66.6%、33.4%、0%、0%；柳家屯断面的氨氮水质为 I ～ V 类的概率分别为 0%、57.1%、42.9%、0%、0%。而当上游的四个监测点位的氨氮水质为 II 级时，尼尔基库末（繁荣新村断面）的氨氮水质 I ～ V 类概率分别为 25.9%、18.6%、29%、5.94%、20.5%，库中断面的氨氮水质 I ～ V 类概率分别为 25.9%、18.6%、38.4%、14.5%、2.56%，库末断面氨氮水质 I ～ V 类概率分别为 25.9%、18.6%、36.2、16.7、2.56%。以此类推，可以依据贝叶斯网络模型通过检测上游水质，对下游水质进行预警。

4. 总磷

　　参照表 14-20～表 14-25 中水质为不同类型的独立事件概率表，由贝叶斯概率公式计算出尼尔基库末（繁荣新村断面）的总磷分别为不同等级时，上游四个断面的总磷浓度水质为不同等级的条件概率，如表 14-26～表 14-31 所示。

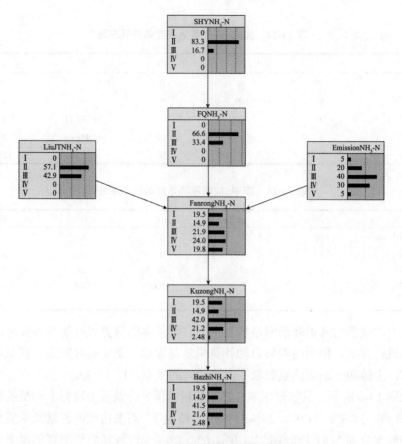

图 14-3　氨氮指标的贝叶斯网络模型

表 14-26　石灰窑-尼尔基库末总磷浓度条件概率表

等级	I	II	III	IV	V
I	100	0	0	0	0
II	0	100	0	0	0
III	0	0	100	0	0
IV	0	0	0	100	0
V	0	0	0	0	100

表 14-27　嫩江浮桥-尼尔基库末总磷浓度条件概率表

等级	I	II	III	IV	V
I	0	100	0	0	0
II	0	100	0	0	0
III	0	100	0	0	0
IV	0	100	0	0	0
V	0	100	0	0	0

表 14-28　柳家屯-尼尔基库末总磷浓度条件概率表

等级	I	II	III	IV	V
I	0	100	0	0	0
II	0	100	0	0	0
III	0	100	0	0	0
IV	0	100	0	0	0
V	0	100	0	0	0

表 14-29　嫩江排污口-尼尔基库末总磷条件概率表

等级	I	II	III	IV	V
I	0	100	0	0	0
II	0	100	0	0	0
III	0	100	0	0	0
IV	0	100	0	0	0
V	0	100	0	0	0

表 14-30　库末-库中总磷条件概率表

等级	I	II	III	IV	V
I	100	0	0	0	0
II	0	100	0	0	0
III	0	64.3	35.7	0	0
IV	0	25	75	0	0
V	0	0	0	0	100

表 14-31　库中-坝前总磷条件概率表

等级	I	II	III	IV	V
I	100	0	0	0	0
II	0	66.7	33.3	0	0
III	0	37.5	12.5	50	0
IV	0	0	0	100	0
V	0	0	0	0	100

　　将上述表格输入贝叶斯网络模型中，获得基本的总磷贝叶斯网络模型，之后对网络进行编制，使网络能够自动计算尼尔基库末（繁荣新村断面）总磷取不同等级时，上游四个断面的总磷取不同等级时的概率（图 14-4）。

　　概率为 100% 的原因为样本空间中，该断面所有的总磷状况都为 II 类水，以上误差可以通过后期增加采样数据扩充样本进行修正。库中水质状况为 II 类水的概率为 100%，坝前水质状况为 II 类水的概率为 66.7%，III 类水的概率为 33.3%。

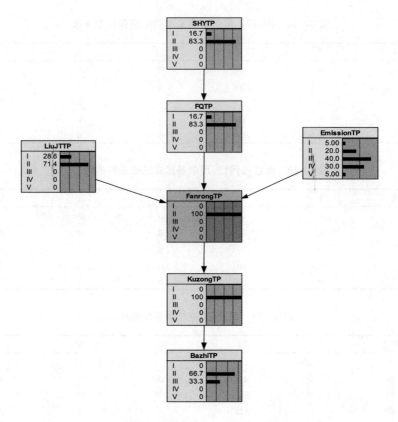

图 14-4　总磷指标的贝叶斯网络模型

14.4　水环境成分贝叶斯网络数据分析软件开发

14.4.1　软件功能

通过构建贝叶斯网络模型，分析河流与湖泊中各个水成分的关系，进而利用部分水成分数据进行推理，分析整个水环境的成分构成，为环境评估提供依据。软件包含三部分功能：第一部分为学习功能，利用历史数据构建和训练一个水环境贝叶斯网络模型，成为以后分析的基础；第二部分为分析部分，利用训练后的贝叶斯网络，可以分析各种成分的独立分布、联合分布以及成分之间的相关性等；第三部分为推理功能，即获得部分水成分后，经过贝叶斯推理，可以估计所有水成分的量值，进而对环境进行评测。

14.4.2　软件运行条件及过程

本软件需要在 MATLAB 2014a 以上的版本环境中运行。主运行程序为 my1.m

文件，其他为辅助文件。在辅助文件中，data.xls 文件可以被其他水环境成分数据文件所替代。在运行程序前，程序默认会读取 data.xls 文件，若要读取其他文件，请将该文件放在 my1.m 同名文件夹中，并在 my1.m 文件的第 53 行"temp = xlsread（'data.xls'）;"中，将 data.xls 修改为需要读取的其他文件名。程序运行后，生成主界面如图 14-5 所示。

图 14-5　水环境成分贝叶斯网络数据分析软件主界面

　　软件总体包含一个学习功能、多个分析功能和一个推理功能。点击"贝叶斯网络学习"按钮，系统将通过读取数据文件构建贝叶斯网络模型，同时生成两个动态图表，图 14-6 为贝叶斯社会模型，是该软件针对水环境相互影响的总体架构模型。

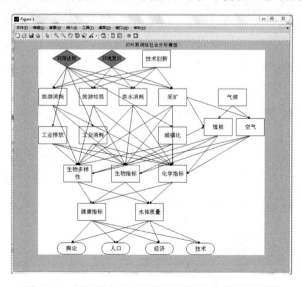

图 14-6　水环境成分贝叶斯网络数据分析架构模型

基于现有数据构建的成分分析模型参见图 14-7。

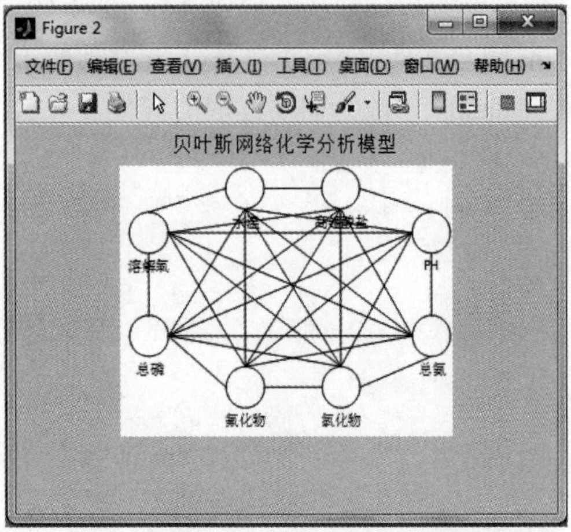

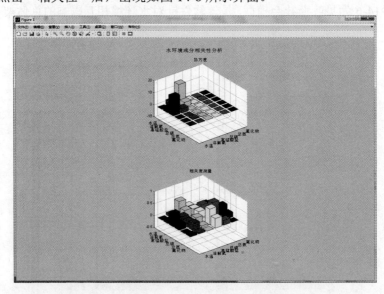

图 14-7　水环境成分贝叶斯网络数据分析模型

该模型为全连通图模型，仅在推理环境状态时为全连通图，若在推理成分构成时，软件将适时调整网络结构，重新规划各成分间的因果关系，进而构成一个新的有向无环图，以进行数值估计与推理。

软件中的所有分析功能都是基于训练后的贝叶斯网络进行的。点击"时序分析""统计分析""相关性"三个按钮，可以获得针对水环境数据的总体状况的分析，如点击"相关性"后，出现如图 14-8 所示界面。

图 14-8　水环境成分贝叶斯网络数据总体状况分析

　　除总体分析外，针对水环境评估中的各个成分指标与其他指标的关系，软件还进行了专门的分析，如点击"水温"，将生成水温与其他成分的相关性分析，参见图 14-9。

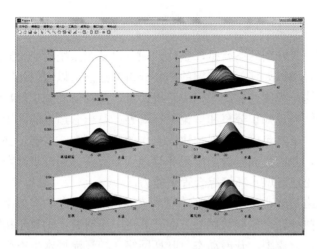

图 14-9　水环境成分贝叶斯网络数据分析相关性分析

　　除成分分析外，该软件利用贝叶斯网络的推理功能，开发了成分推理演示功能。用户可在相关的成分中，选择一到多个成分的数值，输入后，点击"贝叶斯推理"按钮，软件将依据输入的成分，推理剩余的环境成分值，如图 14-10 所示。

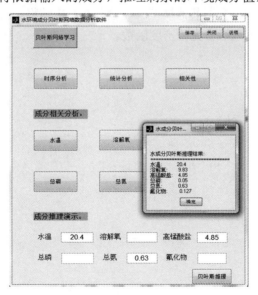

图 14-10　水环境成分贝叶斯网络数据成分推理演示

除主要功能外，该软件包含数据保存功能，保存后的数据为.mat 格式，方便在其他 MATLAB 程序中移植和调用。

14.5 本章小结

综上所述，贝叶斯网络就是以整体的观点对复杂系统构成要素之间的关系进行研究，是一种用以处理复杂问题的拓扑分析方法，可以保证所在的群体能够真正深刻地共享这一视图，有助于形成正确决策，能够协同制定解决问题方案，在需要的时候能够通过知识分享和讨论进行调整；是一套适当的、用来理解复杂系统及其相关性的工具包；也是促使协同工作的行动框架，能够增强管理能力并开展跨部门合作，并向更高层次的学习和管理绩效迈进。通过贝叶斯技术的引进将会极大的提高松辽流域水环境综合管理能力。

贝叶斯网络是解决松辽流域水环境系统不确定性问题的有效手段，但目前的研究仍存在一些问题，需要从以下方面开展进一步研究：①基于构建贝叶斯方法与其他方法的耦合模型，开展动态贝叶斯网络在松辽流域水生态风险管理方面的研究；②水环境质量评价中应深入研究求解似然函数的新技术，开展松辽流域水环境质量评价，使评价结果更趋合理；③水环境模型参数识别中，应继续改进后验分布的抽样算法，使计算效率得到进一步提高，令贝叶斯网络在松辽流域水环境模型中得到应用；④先验分布的选择关系到后验分布的准确性，在应用贝叶斯网络技术时，不可随机套用其他模型的先验分布，应该根据自身特点合理确定先验分布，根据情况合理给出先验密度函数。

第15章　典型河湖水质评价与预测平台

在高速发展的今天，中国水资源污染严重，治理迫在眉睫。面对严重的环境问题，中国政府明确提出要走集约、智能、绿色、低碳的新型城镇化道路。环保已成为新型城镇化的主题，而新型城镇化的推进也为环保产业带来商机。政府将推动环境治理市场化，而水质的评价和预测是治理水污染以及水资源合理规划的基础。现行评价与预测方法存在以下问题：评价及预测方法存在部分不合理之处，不能科学地给出结果；方法过多，选择困难，不同方法对部分特殊水体的评价、预测结果差异较大，可能会因选择评价、预测方法不当而造成误差；水质综合评价、预测方法计算复杂，计算量大，难以在不同流域广泛推广。为解决以上问题，本章整合方法，将复杂的计算程序化，减少工作量，设计水质评级与预测平台，保证对流域水质诊断更加准确合理，减少因为选择不适当造成的误差。

15.1　典型河湖水质评价与预测平台构建

进行流域水质评价与预测平台的模块设计，包括水质综合评价模块、水质预测方法模块和操作说明（图 15-1）。然后对各个模块进行算法、代码的编写，融合平台的各个功能和 GUI 的编辑。为了方便用户的使用，作者还编写了软件的操作说明书。

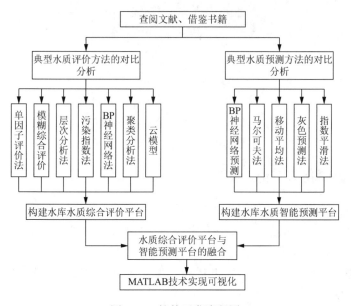

图 15-1　软件开发流程图

15.2　软件模块及功能设计

《地表水环境质量标准》（GB 3838—2002）提出的单因子评价法虽然简单明了，但表现得过于保护其采用的一票否决原则，不能全面科学地评判水体综合水质类别。虽然水质综合评价方法可以较为全面地体现水体状态，但是其计算过程复杂，非专业人员难以胜任，在处理大量的数据时，更是需要耗费大量的人力物力。同时，综合水质评价的研究进展迅速，现今水质综合评价方法多达数十种，可这些评价方法各有优劣，不同方法对部分特殊水体的评价结果差异较大，导致水质综合评价方法推行困难。

而对于水质预测，存在下列几个问题：水质预测方法虽然多样，但无论是机理性方法还是非机理性方法，很难保证每次都能准确对水质变化进行预测；水质预测只有短期预测可信度较大，但是为了短期预测并不值得重新建模；另外因为水质预测的复杂性，非专业人员无法操作，极大地限制了预测方法在实际中的应用。针对这些问题，作者利用 MATLAB 开发出水质评价与预测平台。水质评价与预测平台主要可分为两个模块：水质评价模块、水质预测模块。除了两个主要操作模块之外，为方便操作，对于该软件平台的操作问题在说明中进行了解释。其具体界面如图 15-2 所示。

图 15-2　平台主界面

15.2.1　典型河湖水质评价方法平台

在水质评价模块，我们设计了常用的几种水质评价方法，包括单因子评价、模糊综合评价法、层次分析法、污染指数法、BP 神经网络法、聚类分析法、云模型评价法等。在这些不同的水质评价方法的基础上，建立优化算法，创建一键自动评价模型，综合各种评价方法的优点，保证对某些特殊水体的水质评价更为符合水体实际状况（图 15-3）。

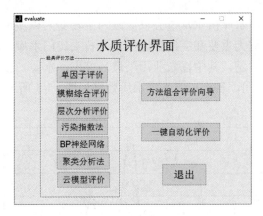

图 15-3　水质综合评价界面

15.2.2　典型河湖水质预测方法平台

在水质预测模块，我们设计了常用水质非机理性预测方法，包括 BP 神经网络预测法、马尔可夫法、移动平均法、灰色预测法、指数平滑法。同时，根据水质数据，优化算法建立自适应权重组合的一键测评方法，综合各种预测方法得出更为精确的预测数据（图 15-4）。

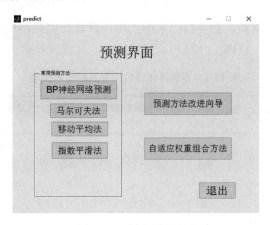

图 15-4　水质预测界面

15.3　典型河湖水质评价与预测平台应用

15.3.1　测试数据——以石头口门水库数据为例

石头口门水库位于吉林省饮马河中游，总库容 12.64 亿 m^3。随着经济发展，长春市用水量逐年上升，缺水严重影响了人们的生产生活，1977 年石头口门水库开始向长春市供水，水库供水从过去以灌溉为主转变为以城市供水为主，使得水库的水质问题显得更为重要和突出。近年来，石头口门水库汇水流域范围内出现了诸多污染水质的问题，其中以农业污染最为突出，水质一度达到中等富营养化水平。"十二五"期间，石头口门水库水质数据如图15-5所示。

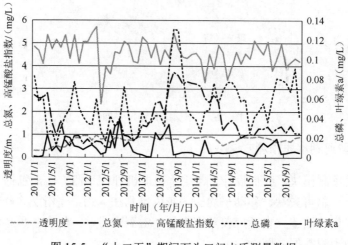

图 15-5　"十二五"期间石头口门水质测量数据

在"十二五"期间，石头口门水库水质评价富营养化指标分别是透明度、总氮、高锰酸盐指数、总磷、叶绿素 a 五项指标，其富营养化评价标准见表15-1。

表 15-1　富营养化评价标准及期望对照表

富营养化等级	透明度/m	总氮 /（mg/L）	高锰酸盐指数 /（mg/L）	总磷 /（mg/L）	叶绿素 a /（mg/L）	预期输出结果
贫营养	5	0.05	0.4	0.004	0.001	2
中营养	1	0.5	4	0.05	0.01	3
轻度富营养化	0.5	1	8	0.1	0.026	4
重度富营养化	0.3	6	25	0.6	0.16	5
重度富营养化	0.12	16	60	1.3	1	6

15.3.2　水质评价模块操作步骤

水质评价与预测平台系统，其操作简单方便，水质评价具体操作步骤如下。

（1）打开水质评价平台主界面，如图15-3所示。

（2）选择某一种水质综合评价方法，此处以 BP 神经网络法作为示例，右击"BP 神经网络"按钮，出现如图15-6所示界面。

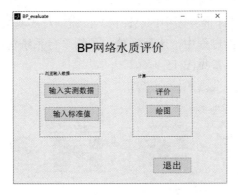

图 15-6 BP 神经网络水质评价界面

（3）点击"输入实测数据"，出现文件浏览界面，如图 15-7 所示，选择所需评价的水质实测数据。

图 15-7 文件浏览界面

（4）点击"输入标准值"，在文件浏览界面中选择评价所需标准。文件中输入数据需要转换成.xls 格式，数据放于.xls 文件中，其存放形式见图 15-8。

图 15-8 文件存放形式

（5）点击 BP 网络评价界面中的"评价"按钮，对实测数据进行 BP 神经网络富营养化评价，其评价过程中，水质评价与预测平台系统自动建立 BP 神经网络模型，对其进行运算。参见图 15-9。

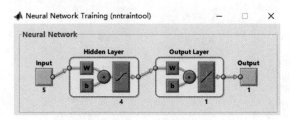

图 15-9　BP 神经网络模型结构

（6）运行结束后，得到水质富营养化评价结果，并将水质富营养化评价结果放于原始实测数据的目录下，方便查找，参见图 15-10、图 15-11。

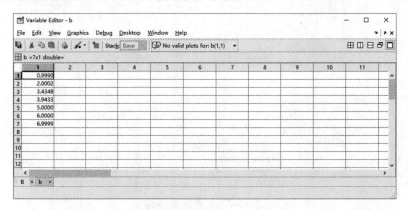

图 15-10　水质评价结果（1）

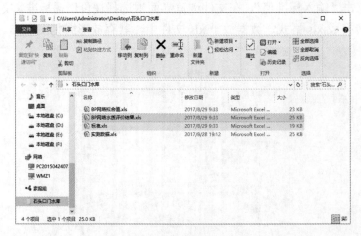

图 15-11　水质评价结果（2）

（7）对于水质评价结果，该平台系统还提供水质变化趋势绘图功能，石头口门水库水质变化见图 15-12。

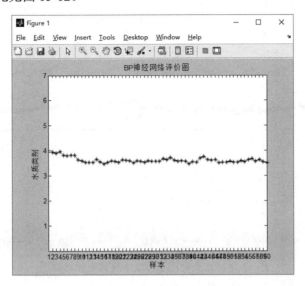

图 15-12　BP 神经网络评价图

以石头口门水库"十二五"期间水质监测数据为例，利用本平台系统对其进行水质富营养化评价，其 BP 神经网络评价结果见图 15-13。

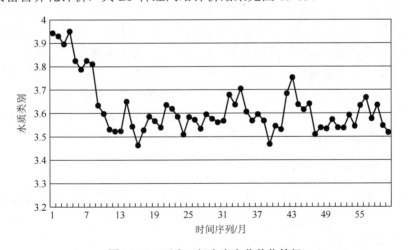

图 15-13　石头口门水库富营养化等级

由图 15-13 可以看出，在"十二五"期间石头口门水库水质富营养化程度范围为 3.4～4.0，水质富营养化等级都是轻度富营养化。

利用水质综合评价与预测平台中几种方法，对"十二五"期间石头口门水库水质富营养化等级分别进行评价，其评价操作方法同上述 BP 神经网络的评价方法一样，所得结果如图 15-14 所示。

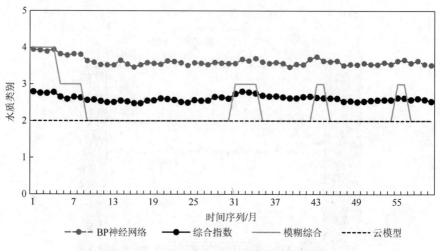

图 15-14　石头口门水库水质富营养化评价图

　　由图 15-14 可以看出，在"十二五"期间，石头口门水库水质总体处于中营养及轻度富营养化之间，不同的评价方法对水质富营养化的评价结果有一定的差异。BP 神经网络评价方法对石头口门水库水质的富营养化评级皆为轻度富营养化状态，水质接近于重度富营养化状态；模糊综合评价方法对于石头口门水库水质富营养化等级的评价相差较为明显，在 2011 年前 4 个月中，水质富营养化等级评定为中度富营养化，其余时间段石头口门水库富营养化程度在中营养及轻度富营养之间徘徊；综合指数评价法及云模型综合评价法对于石头口门水库的水质富营养化程度的评价较为相似，水质富营养化等级为中营养。对比四种方法对于石头口门水库的水质富营养化评价结果，我们发现，各种评价方法对于水质优劣各有侧重点，但是多数情况下评价结果相差不大。

15.3.3　水质预测模块操作步骤

　　同样以石头口门水库"十二五"期间的水质实际监测数据为例，利用该平台对其后 5 个月的水质变化情况进行系统预测。以马尔可夫法进行水库水质变化预测，其具体步骤如下。

　　（1）在水质预测模块中打开马尔可夫法水质预测界面，如图 15-15 所示。

　　（2）输入实测数据，方法同水质评价操作，在"预测期数"中输入"5"，类别数是马尔可夫法对原始数据状态的分类数，此处简单分为 5 类，所以在"类别数"中输入"5"。

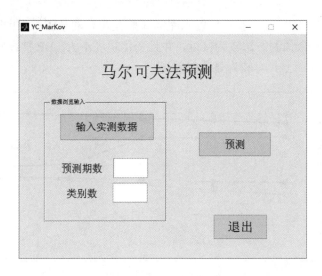

图 15-15　马尔可夫法预测界面

（3）点击"预测"按钮，进行马尔可夫法预测，预测结果自动存储于原始输入数据的目录下。

以马尔可夫法对石头口门水库水质变化趋势进行预测，预测结果见表 15-2。

表 15-2　石头口门水库水质变化预测结果

预测期数	透明度/m	总氮/（mg/L）	高锰酸盐指数/（mg/L）	总磷/（mg/L）	叶绿素 a/（mg/L）
1	0.912	0.767	4.701	0.048	0.004
2	0.912	0.767	4.701	0.048	0.004
3	0.912	0.767	4.701	0.048	0.004
4	0.912	0.767	4.701	0.048	0.004
5	0.912	0.767	4.701	0.048	0.004

同时，利用平台上提供的其余水质预测方法，对石头口门水库水质变换情况进行比较分析，其结果见图 15-16。

从图 15-16 可以看出，不同的预测方法对石头口门水库透明度的变化预测结果不同，但各种方法的偏差不大。马尔可夫法同灰色模型对透明度的预测较为接近，指数平滑法与移动平均法也较为接近，BP 神经网络预测方法具有一定的变化，前 3 期水质预测数据较为接近马尔可夫法预测结果，后 2 期数据较为接近指数平滑法预测结果。

从图 15-17 可以看出，石头口门水库总氮变化预测中除马尔可夫法之外，其余预测方法较为接近，移动平均方法给出的总氮预测值相对于其余方法偏小。

从图 15-18 可以看出,石头口门水库高锰酸盐指数的预测结果中除 BP 神经网络方法以外,其余预测方法较为接近,并且变化幅度不大。BP 神经网络预测结果在第 1 期、第 3 期上具有较为显著的差异。

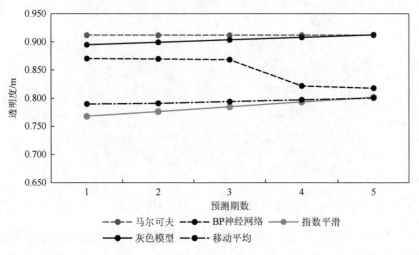

图 15-16　石头口门水库透明度预测对比图

从图 15-19 可以看出,灰色模型法与 BP 神经网络法对于石头口门水库总磷的预测结果较为相似,其余三种方法的预测结果相似,且变化幅度不大。

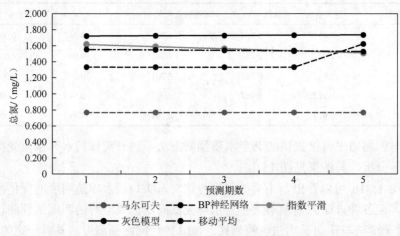

图 15-17　石头口门水库总氮预测对比图

从图 15-20 可以看出,马尔可夫法对于石头口门水库叶绿素 a 的预测结果较其余方法偏小,其余四种方法对于叶绿素 a 的预测较为接近。不同预测方法对于不同数据预测结果的可信度也是不同的,在进行预测时应该对比分析各种方法的可信度。

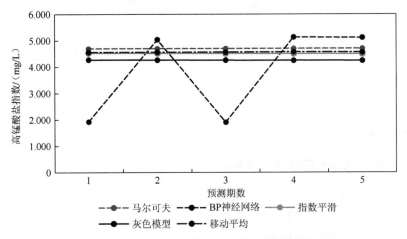

图 15-18　石头口门水库高锰酸盐指数预测对比图

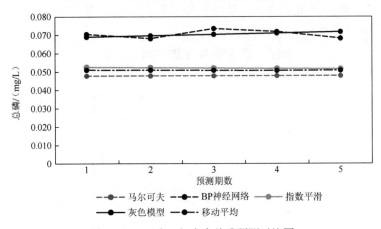

图 15-19　石头口门水库总磷预测对比图

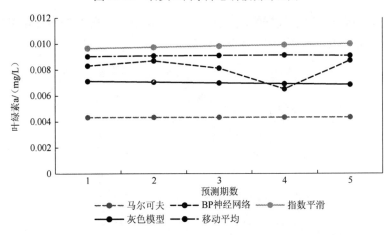

图 15-20　石头口门水库叶绿素 a 预测对比图

15.4　方法改进向导及一键测评的介绍

除了常用的计算方法之外，平台还添加了方法改进向导以及一键测评功能。其中方法改进向导是添加了对于原始数据的一些必要的处理方法，而一键测评功能则是根据数据自动给出较为适宜的结果。

15.4.1　评价方法改进向导及一键评价

以石头口门水库"十二五"期间数据为例，利用水质评价方法改进向导进行水质富营养化程度评价，其具体步骤如下。

（1）输入数据及评价标准。

（2）选择数据预处理方法。选择需要的数据预处理方法后，点击"下一步"（图 15-21）。

图 15-21　评价方法改进向导（1）

（3）数据降维。对于数据维度较大的评价，可以适当降维来保证结果的可信，选择降维方法后点击"下一步"（图 15-22）。

图 15-22　评价方法改进向导（2）

（4）选择评价方法进行数据评价（图 15-23）。

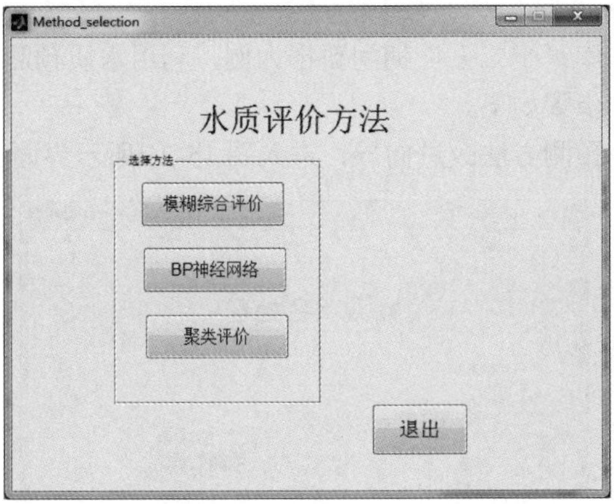

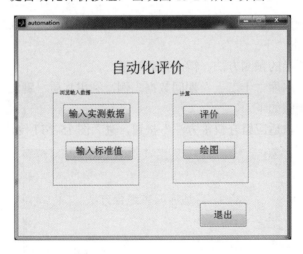

图 15-23　评价方法改进向导（3）

　　以石头口门水库"十二五"期间数据为例，利用一键评价进行水质富营养化程度评价，其具体步骤如下。

（1）点击一键自动化评价按钮，出现图 15-24 所示界面。

图 15-24　一键自动化评价界面

（2）输入实测数据及标准。

（3）点击"评价"得到评价结果，点击"绘图"得到水质变化趋势图。

　　一键自动化评价是利用平台所收录的水质评价方法，分别对水质实测数据进行评价，然后求得均值即为水质一键自动化评价方法所得结果，这样不仅很好地避免了单一方法对某一个样本评价的不稳定性，也很好地综合了各种评价方法。

15.4.2 预测方法改进向导及一键预测

以石头口门水库"十二五"期间数据为例，利用水质预测方法改进向导进行水质预测，其具体步骤如下。

（1）打开水质预测方法改进向导，进入图 15-25 所示界面。

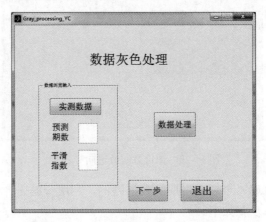

图 15-25　预测改进向导界面图（1）

（2）输入预测数据，此处预测期数取"5"，平滑指数取"0.5"，点击"数据处理"，然后点击"下一步"。

（3）选择适当的预测方法，得出预测结果。

以石头口门水库"十二五"期间数据为例，利用水质一键测评功能进行水质预测，其具体步骤如下。

（1）点击"自适应组合权重方法"按钮，进入图 15-26 所示界面。

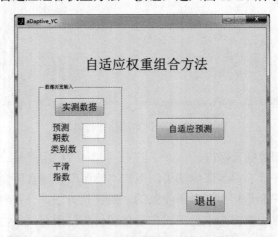

图 15-26　自适应权重组合方法界面

（2）输入实测数据，预测期数、平滑指数同上，点击"自适应预测"，得到预测结果。

一键测评功能是利用不同预测方法计算出不同的模拟预测结果，再将预测结果与实测结果进行比较，求出各种方法模拟预测的相似度，归一化后求得各种方法可信度的权重，权重求和从而得到最终的预测结果。

15.4.3　实例应用

根据上述操作方法，对石头口门水库"十二五"期间的水质进行富营养化评价以及后 5 期数据的预测。

从图 15-27 可以看出，一键评价方法相较于聚类评价改进向导法，其结果更为平滑。其中聚类评价向导虽然进行了数据的预处理以及降维，但是其毕竟是一种评价方法，对石头口门水库水体富营养化的描述不如一键评价的结果平滑。总体来看，石头口门水库水体处于轻度富营养化状态。

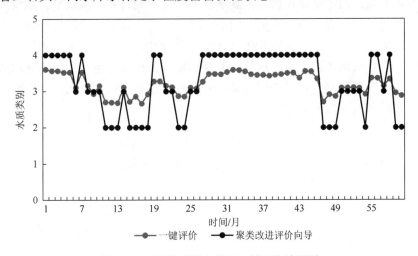

图 15-27　评价改进向导及一键评价结果图

石头口门水库"十二五"期间后 5 月水质数据预测结果见表 15-3、表 15-4。

表 15-3　数据处理向导功能预测结果　　　　　　（单位：mg/L）

预测期数	透明度	总氮	高锰酸盐指数	总磷	叶绿素 a
1	0.925	1.115	6.080	0.076	0.007
2	0.887	1.443	4.425	0.080	0.008
3	0.910	1.990	4.391	0.087	0.007
4	0.779	2.054	4.578	0.088	0.011
5	0.798	2.216	4.570	0.085	0.010

表 15-4 自适应组合权重预测结果   （单位：mg/L）

预测期数	透明度	总氮	高锰酸盐指数	总磷	叶绿素 a
1	0.896	1.177	4.958	0.050	0.007
2	0.898	1.140	4.504	0.052	0.008
3	0.901	1.138	4.460	0.054	0.008
4	0.902	1.125	4.631	0.053	0.007
5	0.906	1.132	4.804	0.050	0.007

从表 15-3、表 15-4 中可以看出，两种方法预测的结果较为相似，总体上来说都能较好地表达出后 5 月的水质变化趋势。

15.5 本 章 小 结

本章主要介绍了水质评价与预测平台系统的研究背景，以及平台系统的主要功能和主要操作步骤。结合石头口门水库"十二五"期间的水质实测数据，利用平台对石头口门水库水质富营养化等级水质进行评价，并对"十二五"实测数据之后的 5 个月水质预测进行了示范性的演示操作。此平台系统可以迅速对大量数据进行评价以及预测，对于操作人员的专业水准没有门槛，有利于水质综合评价方法、水质非机理性预测方法的推广。

参 考 文 献

蔡文，1994. 物元模型及其应用[M]. 北京：科学出版社.

曹艳龙，2008. 基于 BP 神经网络的渭河水质评价方法[D]. 西安：陕西师范大学.

陈桦，程云艳，2004. BP 神经网络算法的改进及在 Matlab 中的实现[J]. 陕西科技大学学报，22(2)：45-47.

董桂华，2016. 基于单因子分析法的河流地表水质监测与评价[J]. 水利技术监督，24(4)：5-7.

杜强，2014. SPSS 统计分析从入门到精通[M]. 2 版. 北京：人民邮电出版社.

高成康，尚金城，2004. 长春市水污染控制指标的因子和聚类分析[J]. 水资源保护，(6)：28-34.

高惠璇，2001. 实用统计方法与 SAS 系统[M]. 北京：北京大学出版社.

高新波，2004. 模糊聚类分析及其应用[M]. 西安：电子科技大学出版社.

韩力群，2017. 人工神经网络理论及应用[M]. 北京：机械工业出版社.

郝晓伟，干刚，裴瑶，等，2012. 基于层次分析法的水源地上游农村生活污水处理技术综合性能评价[J]. 南水北调
　　与水利科技，10(4)：42-47.

何敏，张建强，2013. 基于物元分析法的河流水环境质量评价[J]. 环境科学与管理，38(3)：172-175.

黄廷林，丛海兵，柴蓓蓓，2009. 饮用水水源水质污染控制[M]. 北京：中国建筑工业出版社.

康晓风，林兰钰，李茜，2014. 地表水环境质量评价方法实证及适用性分析[J]. 中国环境监测，30(6)：102-107.

李静萍，谢邦昌，2008. 多元统计分析方法与应用[M]. 北京：中国人民大学出版社.

李名升，张建辉，梁念，等，2012. 常用水环境质量评价方法分析与比较[J]. 地理科学进展，31(5)：617-624.

李艳华，2015. 基于熵权法的可变模糊模型在水质评价中的应用[J]. 科技展望，25(25)：70-71.

刘思峰，杨英杰，吴利丰，等，2017. 灰色系统理论及其应用[M]. 北京：科学出版社.

罗芳，伍国荣，王冲，等，2016. 内梅罗污染指数法和单因子评价法在水质评价中的应用[J]. 环境与可持续发展，
　　41(5)：87-89.

马冯，2016. 数据密集型计算环境下贝叶斯网的学习、推理及应用[M]. 成都：西南交通大学出版社.

那日萨，2017. 模糊系统数学及其应用[M]. 北京：清华大学出版社.

彭祖增，孙韫玉，2002. 模糊数学及其应用[M]. 武汉：武汉大学出版社.

秦寿康，2003. 综合评价原理与应用[M]. 北京：电子工业出版社.

沈进昌，杜树新，罗祎罗，等，2012. 基于云模型的模糊综合评价方法及应用[J]. 模糊系统与数学，26(6)：115-123.

沈园，谭立波，单鹏，等，2016. 松花江流域沿江重点监控企业水环境潜在污染风险分析[J]. 生态学报，09(36)：
　　2732-2739.

孙鹏程，陈吉宁，2009. 基于贝叶斯网络的河流突发性水质污染事故风险评估[J]. 环境科学，30(1)：47-51.

万金保，曾海燕，朱邦辉，2009. 主成分分析法在乐安河水质评价中的应用[J]. 中国给水排水，16：104-108.

王平，王云峰，2013. 综合权重的灰色关联分析法在河流水质评价中的应用[J]. 水资源保护，29(5)：52-54.

吴兵，包丽艳，刘艳君，2016. 吉林省松花江流域水污染防治"十二五"时期建设成效及问题分析. 环境与发展，
　　05(28)：7-10.

吴开亚，金菊良，王玲杰，2008. 区域生态安全评价的 BP 神经网络方法[J]. 长江流域资源与环境，17(2)：317-322.

谢卫平，杨莉，吴磊，等，2013. 不同水质评价方法在漕桥河的应用与分析[J]. 环境监测管理与技术，25(2)：62-66.

张炳江，2014. 层次分析法及其应用案例[M]. 北京：电子工业出版社.

张庆庆，2012. 基于贝叶斯网络的水质风险分析[D]. 杭州：浙江大学.

张忠平, 1996. 指数平滑法[M]. 北京：中国统计出版社.

朱钰，杨殿学，2012. 统计学[M]. 北京：国防工业出版社.

Borsuk M, Clemen R, Maguire L, et al, 2001. Stakeholder values and scientific modeling in the Neuse River watershed[J]. Group Decision & Negotiation, 10(4): 355-373.

Deng Y, 2017. Fuzzy analytical hierarchy process based on canonical representation on fuzzy numbers[J]. Journal of Computational Analysis and Applications, 22(2): 201-208.

Fan G C, Zhong D H, Yan F G, et al, 2016. A hybrid fuzzy evaluation method for curtain grouting efficiency assessment based on an AHP method extended by D numbers[J]. Expert Systems with Applications, 44(C): 289-303.

Guo L, Zhao Y, Wang P, 2012. Determination of the principal factors of river water quality through cluster analysis method and its prediction[J]. Frontiers of Environmental Science & Engineering, 6(2): 238-245.

Koklu R, Sengorur B, Topal B, 2010. Water quality assessment using Multivariate Statistical Methods-a case study: Melen River System(Turkey)[J]. Water Resources Management, 24(5): 959-978.

Sun L, 2012. A min-max optimization approach for weight determination in analytic hierarchy process[J]. Journal of Southeast University(English Edition), 28(2): 245-250.

Tierney L, 1994. Markov chains for exploring posterior distributions[J]. Annals of Statistics, 22(4): 1701-1728.

Varis O, 1994. Bayesian decision analysis for environmental and resource management[J]. Environmental Modelling & Software, 12(2-3): 177-185.

附录 水质综合评价与预测源代码

1.1 单因子评价

1.1.1 数据输入

```
% --- Executes on button press in pushbutton2.
function pushbutton2_Callback(hObject, eventdata, handles)
[fileName,pathName]=uigetfile;
pathfile=[pathName,fileName];
SC=xlsread(pathfile);
assignin('base','SC',SC);
assignin('base','pathName',pathName);
% hObject    handle to pushbutton2 (see GCBO)
% eventdata  reserved - to be defined in a future version of MATLAB
% handles    structure with handles and user data (see GUIDATA)


% --- Executes on button press in pushbutton3.
function pushbutton3_Callback(hObject, eventdata, handles)
[fileName,pathName]=uigetfile;
pathfile=[pathName,fileName];
BZ=xlsread(pathfile);
assignin('base','BZ',BZ);
% hObject    handle to pushbutton3 (see GCBO)
% eventdata  reserved - to be defined in a future version of MATLAB
% handles    structure with handles and user data (see GUIDATA)
```

1.1.2 单因子算法主程序

```
% --- Executes on button press in pushbutton4.
function pushbutton4_Callback(hObject, eventdata, handles)
SC=evalin('base','SC');
BZ=evalin('base','BZ');
pathName=evalin('base','pathName');%将工作空间值赋值给
[n,m]=size(SC);%n是样本数, m是水质因子, k是水质类别
[m,k]=size(BZ);
for i=1:m
```

```
    if BZ(i,1)>BZ(i,2)
        for j=1:n
            x=SC(j,i);
            if x>=BZ(i,1)
                A(j,i)=1;
            elseif x>=BZ(i,2)
                A(j,i)=2;
            elseif x>=BZ(i,3)
                A(j,i)=3;
            elseif x>=BZ(i,4)
                A(j,i)=4;
            elseif x>=BZ(i,5)
                A(j,i)=5;
            else
                A(j,i)=6
            end
        end
    else
        for j=1:n
            x=SC(j,i);
            if x<=BZ(i,1)
                A(j,i)=1;
            elseif x<=BZ(i,2)
                A(j,i)=2;
            elseif x<=BZ(i,3)
                A(j,i)=3;
            elseif x<=BZ(i,4)
                A(j,i)=4;
            elseif x<=BZ(i,5)
                A(j,i)=5;
            else
                A(j,i)=6
            end
        end
    end
end
B=max(A,[],2);
assignin('base','B',B);
pathfile=[pathName,'水质单因子评价结果'];
xlswrite(pathfile,B);
open 'B';
% hObject    handle to pushbutton4 (see GCBO)
```

```
% eventdata  reserved - to be defined in a future version of MATLAB
% handles    structure with handles and user data (see GUIDATA)


% --- Executes during object creation, after setting all properties.
function uipanel2_CreateFcn(hObject, eventdata, handles)
% hObject    handle to uipanel2 (see GCBO)
% eventdata  reserved - to be defined in a future version of MATLAB
% handles    empty - handles not created until after all CreateFcns called
```

1.1.3　评价结果图形绘制

```
% --- Executes on button press in pushbutton5.
function pushbutton5_Callback(hObject, eventdata, handles)
B=evalin('base','B');
[n,m]=size(B);
x=1:n;
y=1:7;
figure;
plot(x,B,'-*');
title('单因子评价图');
xlabel('样本');ylabel('水质类别');
set(gca,'xtick',x);%设置坐标具体数值
set(gca,'ytick',y);
axis([1,n,0,7]);
% hObject    handle to pushbutton5 (see GCBO)
% eventdata  reserved - to be defined in a future version of MATLAB
% handles    structure with handles and user data (see GUIDATA)
```

1.2　模糊综合评价法

1.2.1　数据输入

```
% --- Executes on button press in pushbutton1.
function pushbutton1_Callback(hObject, eventdata, handles)
[fileName,pathName]=uigetfile;
pathfile=[pathName,fileName];
SC=xlsread(pathfile);
assignin('base','SC',SC);
assignin('base','pathName',pathName);
% hObject    handle to pushbutton1 (see GCBO)
% eventdata  reserved - to be defined in a future version of MATLAB
```

```
% handles    structure with handles and user data (see GUIDATA)

% --- Executes on button press in pushbutton2.
function pushbutton2_Callback(hObject, eventdata, handles)
[fileName,pathName]=uigetfile;
pathfile=[pathName,fileName];
BZ=xlsread(pathfile);
assignin('base','BZ',BZ);
% hObject    handle to pushbutton2 (see GCBO)
% eventdata  reserved - to be defined in a future version of MATLAB
% handles    structure with handles and user data (see GUIDATA)
```

1.2.2　模糊综合评价主程序

```
% --- Executes on button press in pushbutton3.
function pushbutton3_Callback(hObject, eventdata, handles)
SC=evalin('base','SC');
BZ=evalin('base','BZ');
pathName=evalin('base','pathName');%将工作空间值赋值给
[n,m]=size(SC);%n是样本值个数,m是主成分个数
%对标准进行处理
[m,k]=size(BZ);
for i=1:m
    if BZ(i,2)==BZ(i,3)
        BZ(i,3)=BZ(i,2)+BZ(i,2)/100;
    end
    if BZ(i,1)==BZ(i,2)
        BZ(i,2)=BZ(i,1)+BZ(i,1)/1000;
    end
end
%对数据进行预处理,同向化
B_max=max(BZ,[],2);
B_min=min(BZ,[],2);
BZ=mapminmax(BZ);
S1=bsxfun(@minus,SC,B_min');
S2=(B_max-B_min)';
SC1=2*(bsxfun(@times,S1,S2.^(-1)))-1;
for i=1:m
    if BZ(i,1)>BZ(i,5)
        BZ(i,:)=-BZ(i,:);
        SC(:,i)=-SC1(:,i);
    else
```

```
        SC(:,i)=SC1(:,i);
    end
end
BZ=BZ+1.5;
SC=SC+1.5;
%模糊关系矩阵的确定
for i=1:n
    for j=1:m
        if BZ(j,1)<=BZ(j,2)  %隶属度函数,非溶解氧
        y=SC(i,j);
        b1=BZ(j,1);
        b2=BZ(j,2);
        b3=BZ(j,3);
        b4=BZ(j,4);
        b5=BZ(j,5);
        if y<=b1
            y1=1;
          elseif b1<y && y<b2
              y1=(b2-y)/(b2-b1);
        else
            y1=0;
        end
        if b2<y && y<b3
            y2=(b3-y)/(b3-b2);
          elseif b1<=y && y<=b2
            y2=(y-b1)/(b2-b1);
        else
          y2=0;
        end
if b3<y && y<b4
    y3=(b4-y)/(b4-b3);
elseif b2<=y && y<=b3
        y3=(y-b2)/(b3-b2);
    else
        y3=0;
end
if b4<y && y<b5
    y4=(b5-y)/(b5-b4);
elseif b3<=y && y<=b4
        y4=(y-b3)/(b4-b3);
    else
        y4=0;
```

```
end
if y>=b5
    y5=1;
elseif b4<y && y<b5
        y5=(b5-y)/(b5-b4);
    else
        y5=0;
end
R(j,1)=y1;
R(j,2)=y2;
R(j,3)=y3;
R(j,4)=y4;
R(j,5)=y5;
        else%溶解氧类
        a1=BZ(j,1);%DO
        a2=BZ(j,2);
        a3=BZ(j,3);
        a4=BZ(j,4);
        a5=BZ(j,5);
        x=SC(i,j);
if x<=a5
    x5=1;
elseif a5<x && x<a4
        x5=(a4-x)/(a4-a5);
    else
        x5=0;
end
if a4<x && x<a3
    x4=(a3-x)/(a3-a4);
elseif a5<=x && x<=a4
        x4=(x-a5)/(a4-a5);
    else
        x4=0;
end
if a3<x && x<a2
    x3=(a2-x)/(a2-a3);
elseif a4<=x && x<=a3
        x3=(x-a4)/(a3-a4);
    else
        x3=0;
end
if a2<x && x<a1
```

```
        x2=(a1-x)/(a1-a2);
elseif a3<=x && x<=a2
        x2=(x-a3)/(a2-a3);
    else
        x2=0;
end
if x>=a1
    x1=1;
elseif a2<x && x<a1
        x1=(a1-x)/(a1-a2);
    else
        x1=0;
end
R(j,1)=x1;
R(i,2)=x2;
R(j,3)=x3;
R(j,4)=x4;
R(j,5)=x5;
        end
        %权重值的确定，两种方式
        S=mean(BZ,2);%均值
        w(j)=SC(i,j)/S(j);
    end
    R=R(1:m,:)%隶属函数矩阵R
    A=w./sum(w);%归一化
    for ii=1:m%剔除小于0.005权重的值
        if A(ii)<0.005
            A(ii)=0.005
        else
        end
    end
    B(i,:)=A*R;%求模糊综合评价矩阵
end
[a,b]=max(B,[],2);
B(:,6)=b;
B=B(:,6);
assignin('base','B',B);%在基本空间中建立B
pathfile=[pathName,'水质模糊综合评价结果'];%放与原目录下
xlswrite(pathfile,B);
open 'B';

% hObject    handle to pushbutton3 (see GCBO)
```

```
% eventdata   reserved - to be defined in a future version of MATLAB
% handles     structure with handles and user data (see GUIDATA)
```

1.2.3　绘制评价结果

```
% --- Executes on button press in pushbutton4.
function pushbutton4_Callback(hObject, eventdata, handles)
B=evalin('base','B');%将工作空间中的B赋值给B
[n,m]=size(B);
x=1:n;
y=1:7;
figure;
plot(x,B,'-*');
title('模糊综合评价图');
xlabel('样本');ylabel('水质类别');
set(gca,'xtick',x);%设置坐标具体数值
set(gca,'ytick',y);
axis([1,n,0,7]);
% hObject    handle to pushbutton4 (see GCBO)
% eventdata  reserved - to be defined in a future version of MATLAB
% handles    structure with handles and user data (see GUIDATA)
```

1.3　层次分析评价

1.3.1　数据输入

```
% --- Executes on button press in pushbutton2.
function pushbutton2_Callback(hObject, eventdata, handles)
[fileName,pathName]=uigetfile;
pathfile=[pathName,fileName];
SC=xlsread(pathfile);
assignin('base','SC',SC);
assignin('base','pathName',pathName);
% hObject    handle to pushbutton2 (see GCBO)
% eventdata  reserved - to be defined in a future version of MATLAB
% handles    structure with handles and user data (see GUIDATA)


% --- Executes on button press in pushbutton3.
function pushbutton3_Callback(hObject, eventdata, handles)
[fileName,pathName]=uigetfile;
pathfile=[pathName,fileName];
```

```
BZ=xlsread(pathfile);
assignin('base','BZ',BZ);
% hObject      handle to pushbutton3 (see GCBO)
% eventdata  reserved - to be defined in a future version of MATLAB
% handles    structure with handles and user data (see GUIDATA)


% --- Executes on button press in pushbutton4.
function pushbutton4_Callback(hObject, eventdata, handles)
[fileName,pathName]=uigetfile;
pathfile=[pathName,fileName];
AB=xlsread(pathfile);
assignin('base','AB',AB);
% hObject      handle to pushbutton4 (see GCBO)
% eventdata  reserved - to be defined in a future version of MATLAB
% handles    structure with handles and user data (see GUIDATA)
```

1.3.2 主程序

```
% --- Executes on button press in pushbutton5.
function pushbutton5_Callback(hObject, eventdata, handles)
SC=evalin('base','SC');
BZ=evalin('base','BZ');
AB=evalin('base','AB');
pathName=evalin('base','pathName');%将工作空间值赋值给
[n,m]=size(SC);%n是样本数,m是水质因子,k是水质类别
[m,k]=size(BZ);
Wab=(prod(AB,2)).^(1/m);%求最大特征根对应的特征向量
Wab=Wab';
Wab=Wab./(sum(Wab));%对数据进行归一化,得到近似各因素对目标的重要度
Tmax=(1/m)*(sum((AB*Wab')./Wab'));%求AB最大特征值
for i=1:n%实测数据循环
    %构造B-C准则因素对方案的两两判别矩阵
    for j=1:m
    B(j,:,i)=SC(i,j)-BZ(j,:);
    end
    B=abs(B);
for j=1:m
    BC(j,:,i)=B(1,:,i)./B(1,j,i);
end
end
%求两两判别矩阵的特征值与特征向量
for j=1:m
```

```
Wbc(j,:,i)=(prod(BC(:,:,i),2)).^(1/m);%求最大特征根对应的特征向量
Wbc(j,:,i)=Wbc(j,:,i)';
Wbc(j,:,i)=Wbc(j,:,i)./(sum(Wbc(j,:,i)));%对数据进行归一化,得到近似
                                各因素对目标的重要度
Tbc(:,:,i)=(1/m)*(sum((BC(:,:,i)*Wbc(j,:,i)')./Wbc(j,:,i)'));%
         求AB最大特征值
Wbc(j,:,i)
end
W(i,:)=Wab*Wbc(:,:,i);%总权重
[t,D(i)]=max(W(i,:),[],2);
end
B=D';
assignin('base','B',B);
pathfile=[pathName,'水质层次分析结果'];
xlswrite(pathfile,B);
open 'B';
% hObject    handle to pushbutton5 (see GCBO)
% eventdata  reserved - to be defined in a future version of MATLAB
% handles    structure with handles and user data (see GUIDATA)
```

1.3.3　绘图

```
% --- Executes on button press in pushbutton6.
function pushbutton6_Callback(hObject, eventdata, handles)
B=evalin('base','B');
[n,m]=size(B);
x=1:n;
y=1:7;
figure;
plot(x,B,'-*');
title('层次分析评价图');
xlabel('样本');ylabel('水质类别');
set(gca,'xtick',x);%设置坐标具体数值
set(gca,'ytick',y);
axis([1,n,0,7]);
% hObject    handle to pushbutton6 (see GCBO)
% eventdata  reserved - to be defined in a future version of MATLAB
% handles    structure with handles and user data (see GUIDATA)
```

1.4 污染指数法

1.4.1 数据输入

```
% --- Executes on button press in pushbutton1.
function pushbutton1_Callback(hObject, eventdata, handles)
[fileName,pathName]=uigetfile;
pathfile=[pathName,fileName];
SC=xlsread(pathfile);
assignin('base','SC',SC);
assignin('base','pathName',pathName);
% hObject     handle to pushbutton1 (see GCBO)
% eventdata   reserved - to be defined in a future version of MATLAB
% handles     structure with handles and user data (see GUIDATA)


% --- Executes on button press in pushbutton2.
function pushbutton2_Callback(hObject, eventdata, handles)
[fileName,pathName]=uigetfile;
pathfile=[pathName,fileName];
BZ=xlsread(pathfile);
assignin('base','BZ',BZ);
% hObject     handle to pushbutton2 (see GCBO)
% eventdata   reserved - to be defined in a future version of MATLAB
% handles     structure with handles and user data (see GUIDATA)
```

1.4.2 综合污染指数法

```
function pushbutton3_Callback(hObject, eventdata, handles)
SC=evalin('base','SC');%综合污染指数*5+1(为了与水质5类指标对应)
BZ=evalin('base','BZ');
pathName=evalin('base','pathName');%将工作空间值赋值给
[n,m]=size(SC);
[m,k]=size(BZ);
for i=1:m%不包括pH
    if BZ(i,1)<BZ(i,k)
        for j=1:n
            I(j,i)=SC(j,i)/BZ(i,k);
        end
    else
        for j=1:n
```

```
        if SC(j,i)>BZ(i,1)
            I(j,i)=0;
        elseif SC(j,i)>BZ(i,k)
            I(j,i)=(BZ(i,1)-SC(j,i))/(BZ(i,1)-BZ(i,k));
        else
            I(j,i)=1;
        end
    end
end
end
    B=mean(I')';
    B=5*B+1;
    assignin('base','B',B);
pathfile=[pathName,'水质综合污染指数结果'];%放在原目录下
xlswrite(pathfile,B);
open 'B';
% hObject    handle to pushbutton3 (see GCBO)
% eventdata  reserved - to be defined in a future version of MATLAB
% handles    structure with handles and user data (see GUIDATA)
```

1.4.3　内梅罗污染指数法

```
% --- Executes on button press in pushbutton3.
function pushbutton3_Callback(hObject, eventdata, handles)
SC=evalin('base','SC');
BZ=evalin('base','BZ');
pathName=evalin('base','pathName');
[n,m]=size(SC);
[m,k]=size(BZ);
for i=1:m%不包括pH
    if BZ(i,1)<BZ(i,k)
        for j=1:n
            I(j,i)=SC(j,i)/BZ(i,k);
        end
    else
        for j=1:n
            if SC(j,i)>BZ(i,1)
                I(j,i)=0;
            elseif SC(j,i)>BZ(i,k)
                I(j,i)=(BZ(i,1)-SC(j,i))/(BZ(i,1)-BZ(i,k));
            else
                I(j,i)=1;
            end
```

```
            end
        end
end
B=(((max(I,[],2)).^2+(mean(I')').^2)/2).^(1/2);
B=B;
assignin('base','B',B);
pathfile=[pathName,'内梅罗污染指数评价结果'];
xlswrite(pathfile,B);
open 'B';
% hObject    handle to pushbutton3 (see GCBO)
% eventdata  reserved - to be defined in a future version of MATLAB
% handles    structure with handles and user data (see GUIDATA)
```

1.4.4 绘图

```
% --- Executes on button press in pushbutton4.
function pushbutton4_Callback(hObject, eventdata, handles)
B=evalin('base','B');
[n,m]=size(B);
x=1:n;
max1=max(B)+1;
y=1:max1;
figure;
plot(x,B,'-*');
title('水质内梅罗污染指数评价');
xlabel('样本');ylabel('水质得分');
set(gca,'xtick',x);
set(gca,'ytick',y);
axis([1,n,0,max1]);
% hObject    handle to pushbutton4 (see GCBO)
% eventdata  reserved - to be defined in a future version of MATLAB
% handles    structure with handles and user data (see GUIDATA)
```

1.5 BP 神经网络

1.5.1 数据输入

```
% --- Executes on button press in pushbutton1.
function pushbutton1_Callback(hObject, eventdata, handles)
[fileName,pathName]=uigetfile;
pathfile=[pathName,fileName];
```

```
SC=xlsread(pathfile);
assignin('base','SC',SC);
assignin('base','pathName',pathName);
% hObject      handle to pushbutton1 (see GCBO)
% eventdata   reserved - to be defined in a future version of MATLAB
% handles     structure with handles and user data (see GUIDATA)



% --- Executes on button press in pushbutton3.
function pushbutton3_Callback(hObject, eventdata, handles)
[fileName,pathName]=uigetfile;
pathfile=[pathName,fileName];
BZ=xlsread(pathfile);
assignin('base','BZ',BZ);
% hObject      handle to pushbutton3 (see GCBO)
% eventdata   reserved - to be defined in a future version of MATLAB
% handles     structure with handles and user data (see GUIDATA)
```

1.5.2　主程序计算

```
% --- Executes on button press in pushbutton4.
function pushbutton4_Callback(hObject, eventdata, handles)
SC=evalin('base','SC');
BZ=evalin('base','BZ');
pathName=evalin('base','pathName');%将工作空间值赋值给
[n,m]=size(SC);
[m,k]=size(BZ);
T=1:k+2;
%对标准进行修正
for i=1:m
    if BZ(i,2)==BZ(i,3)
        BZ(i,3)=BZ(i,2)+BZ(i,2)/100;
    end
    if BZ(i,1)==BZ(i,2)
        BZ(i,2)=BZ(i,1)+BZ(i,1)/1000;
    end
end
%增加两个标准
for i=1:m
    if BZ(i,1)>BZ(i,2)
        BZ(i,2:6)=BZ(i,1:5);
        BZ(i,1)=BZ(i,2)*2;
```

```
            BZ(i,7)=0;
        else
            BZ(i,2:6)=BZ(i,1:5);
            BZ(i,1)=0;
            BZ(i,7)=BZ(i,6)*2;
        end
    end
%对数据进行归一化
SC1=[SC',BZ];
SC1=mapminmax(SC1);
SC=10*SC1(:,1:n);
BZ=10*SC1(:,n+1:n+7);
P=BZ;
%神经网络参数确定
c1=1;
 i=1;
 for i=1:300
    if c1>0.2
        a=sqrt(m+1)+2;
        a=round(a);
       net=newff(P,T,a);
       net.trainParam.show=100;%过程显示
       net.trainParam.lr=0.01;%学习速率
       net.trainParam.mc=0.5;%动量因子
       net.trainParam.goal=1e-3;%均方差
       [net,tr]=train(net,P,T);
       for i=1:k+2
           s=P(:,i);%列向量
           b(i)=sim(net,s);
        end
       %进行误差循环
       c=b-T;
        c1=sqrt(var(c));
       else
       end
 end
for i=1:n
s=SC(:,i);%列向量
B(i)=sim(net,s);
end
B=B';
b=b';
```

```
assignin('base','B',B);%在基本空间中建立 B
assignin('base','b',b);
pathfile1=[pathName,'BP 网络水质评价结果'];%放与原目录下
pathfile2=[pathName,'BP 网络拟合值'];%放与原目录下
xlswrite(pathfile1,B);
xlswrite(pathfile2,b);
open 'B';
open 'b';
% hObject    handle to pushbutton4 (see GCBO)
% eventdata  reserved - to be defined in a future version of MATLAB
% handles    structure with handles and user data (see GUIDATA)
function [B,b1,b]=BP(SC,BZ)%b1 是测试数据
[n,m]=size(SC);
[m,k]=size(BZ);
T=1:k+2;
%对标准进行修正
for i=1:m
    if BZ(i,2)==BZ(i,3)
        BZ(i,3)=BZ(i,2)+BZ(i,2)/100;
    end
    if BZ(i,1)==BZ(i,2)
        BZ(i,2)=BZ(i,1)+BZ(i,1)/1000;
    end
end
%增加两个标准
for i=1:m
    if BZ(i,1)>BZ(i,2)
        BZ(i,2:6)=BZ(i,1:5);
        BZ(i,1)=BZ(i,2)*2;
        BZ(i,7)=0;
    else
        BZ(i,2:6)=BZ(i,1:5);
        BZ(i,1)=0;
        BZ(i,7)=BZ(i,6)*2;
    end
end
%对数据进行归一化，增加一组测试数据放于 SC 值下
for i=1:m
    CS(1,i)=(BZ(i,3)+BZ(i,4))/2;
end
SC1=[SC',CS',BZ];
```

```
SC1=mapminmax(SC1);
SC=10*SC1(:,1:n+1);
BZ=10*SC1(:,n+2:n+8);
P=BZ;
%神经网络参数确定
c1=1;
 i=1;
 for i=1:300
    if c1>0.05
        a=sqrt(m+1)+2;
        a=round(a);
      net=newff(P,T,a);
      net.trainParam.show=100;%过程显示
      net.trainParam.lr=0.01;%学习速率
      net.trainParam.mc=0.5;%动量因子
      net.trainParam.goal=1e-3;%均方差
      [net,tr]=train(net,P,T);
      for i=1:k+2
          s=P(:,i);%列向量
          b(i)=sim(net,s);
       end
      %进行误差循环
      c=b-T;
      c1=sqrt(var(c));
     else
     end
 end
for i=1:n+1
s=SC(:,i);%列向量
B(i)=sim(net,s);
end
B=B';
b=b';
b1=B(n+1);
B=B(1:n);
```

1.5.3　绘图

```
% --- Executes on button press in pushbutton5.
function pushbutton5_Callback(hObject, eventdata, handles)
B=evalin('base','B');%将工作空间中的B赋值给B
[n,m]=size(B);
```

```
x=1:n;
y=1:7;
figure;
plot(x,B,'-*');
title('BP 神经网络评价图');
xlabel('样本');ylabel('水质类别');
set(gca,'xtick',x);%设置坐标具体数值
set(gca,'ytick',y);
axis([1,n,0,7]);
% hObject    handle to pushbutton5 (see GCBO)
% eventdata  reserved - to be defined in a future version of MATLAB
% handles    structure with handles and user data (see GUIDATA)
```

1.6　聚 类 分 析

1.6.1　数据输入

```
% --- Executes on button press in pushbutton1.
function pushbutton1_Callback(hObject, eventdata, handles)
[fileName,pathName]=uigetfile;
pathfile=[pathName,fileName];
SC=xlsread(pathfile);
assignin('base','SC',SC);
assignin('base','pathName',pathName);
% hObject    handle to pushbutton1 (see GCBO)
% eventdata  reserved - to be defined in a future version of MATLAB
% handles    structure with handles and user data (see GUIDATA)


% --- Executes on button press in pushbutton2.
function pushbutton2_Callback(hObject, eventdata, handles)
[fileName,pathName]=uigetfile;
pathfile=[pathName,fileName];
BZ=xlsread(pathfile);
assignin('base','BZ',BZ);
% hObject    handle to pushbutton2 (see GCBO)
% eventdata  reserved - to be defined in a future version of MATLAB
% handles    structure with handles and user data (see GUIDATA)
```

1.6.2　主程序计算

```
% --- Executes on button press in pushbutton3.
```

```
function pushbutton3_Callback(hObject, eventdata, handles)
SC=evalin('base','SC');
BZ=evalin('base','BZ');
pathName=evalin('base','pathName');%将工作空间值赋值给
[n,m]=size(SC);%n 是样本值个数，m 是主成分个数
%对标准进行处理
[m,k]=size(BZ);
%分别同水质类别进行聚类
for i=1:n
    x=SC(i,:);
    for j=1:k
        y=BZ(:,j);
        a=corrcoef(x,y);
        B(i,j)=a(1,2);
    end
end
[a,b]=max(B,[],2);
B(:,6)=b;
B=B(:,6);
assignin('base','B',B);
pathfile=[pathName,'水质聚类评价结果'];%放与原目录下
xlswrite(pathfile,B);
open 'B';
```

1.6.3 绘图

```
% --- Executes on button press in pushbutton4.
function pushbutton4_Callback(hObject, eventdata, handles)
B=evalin('base','B');
[n,m]=size(B);
x=1:n;
y=1:7;
figure;
plot(x,B,'-*');
title('水质聚类评价图');
xlabel('样本');ylabel('水质类别');
set(gca,'xtick',x);%设置坐标具体数值
set(gca,'ytick',y);
axis([1,n,0,7]);
% hObject    handle to pushbutton4 (see GCBO)
% eventdata  reserved - to be defined in a future version of MATLAB
% handles    structure with handles and user data (see GUIDATA)
```

1.7 云 模 型

1.7.1 数据输入

```
% --- Executes on button press in pushbutton1.
function pushbutton1_Callback(hObject, eventdata, handles)
[fileName,pathName]=uigetfile;
pathfile=[pathName,fileName];
SC=xlsread(pathfile);
assignin('base','SC',SC);
assignin('base','pathName',pathName);
% hObject    handle to pushbutton1 (see GCBO)
% eventdata  reserved - to be defined in a future version of MATLAB
% handles    structure with handles and user data (see GUIDATA)


% --- Executes on button press in pushbutton2.
function pushbutton2_Callback(hObject, eventdata, handles)
[fileName,pathName]=uigetfile;
pathfile=[pathName,fileName];
BZ=xlsread(pathfile);
assignin('base','BZ',BZ);
% hObject    handle to pushbutton2 (see GCBO)
% eventdata  reserved - to be defined in a future version of MATLAB
% handles    structure with handles and user data (see GUIDATA)
```

1.7.2 主程序计算

```
% --- Executes on button press in pushbutton3.
function pushbutton3_Callback(hObject, eventdata, handles)
SC=evalin('base','SC');
BZ=evalin('base','BZ');
pathName=evalin('base','pathName');%将工作空间值赋值给
[n,m]=size(SC);
%对数据进行预处理，同向化
B_max=max(BZ,[],2);
B_min=min(BZ,[],2);
BZ=mapminmax(BZ);
S1=bsxfun(@minus,SC,B_min');
S2=(B_max-B_min)';
SC1=2*(bsxfun(@times,S1,S2.^(-1)))-1;
```

```
for i=1:m
    if BZ(i,1)>BZ(i,5)
        BZ(i,:)=-BZ(i,:);
        SC(:,i)=-SC1(:,i);
    else
        SC(:,i)=SC1(:,i);
    end
end
BZ=BZ+1.5;
SC=SC+1.5;
SCC=SC;
BZZ=BZ;
%确定 Ex,En,He
for i=1:m
    if BZ(i,1)>BZ(i,5)
        Bz(i,:)=[1.5*BZ(i,1),BZ(i,:)];
    else
        Bz(i,:)=[BZ(i,:),1.5*BZ(i,5)];
    end
end
for i=1:m
    for j=1:5
        EX(i,j)=(Bz(i,j)+Bz(i,j+1))/2;
    end
end
%确定 En
BzM=max(Bz,[],2);
En=BzM/3;
%确定 He
He=En/1600;
%输入 SC 进行运算,求得确定度三维矩阵 Y
for k=1:n
for i=1:m
    En1(i)=normrnd(En(i),He(i),1);%生成云模型的 En1
    for j=1:5
    Y(i,j,k)=exp(-(SC(k,i)-EX(i,j))^2/(2*En1(i)^2));
    end
end
end
    %权重值的确定, 两种方式
S=mean(BZ,2);%均值
for i=1:n
```

```
    for j=1:m
    w(j)=SC(i,j)/S(j);
    end
    A(i,:)=w./sum(w);%归一化
end
for i=1:n
    for j=1:m
        if A(i,j)<0.005
            A(i,j)=0.005;
        else
        end
    end
end
%综合云模型的生成
for k=1:n
    R=Y(:,:,k);
    B(k,:)=A(k,:)*R;
end
[a,b]=max(B,[],2);
B=[B,b];
B=B(:,6);
assignin('base','B',B);%在基本空间中建立B
pathfile=[pathName,'水质云模型评价结果'];%放与原目录下
xlswrite(pathfile,B);
open 'B';
% hObject    handle to pushbutton3 (see GCBO)
% eventdata  reserved - to be defined in a future version of MATLAB
% handles    structure with handles and user data (see GUIDATA)
```

1.7.3 绘图

```
% --- Executes on button press in pushbutton4.
function pushbutton4_Callback(hObject, eventdata, handles)
B=evalin('base','B');%将工作空间中的B赋值给B
[n,m]=size(B);
x=1:n;
y=1:7;
figure;
plot(x,B,'-*');
title('云模型评价图');
xlabel('样本');ylabel('水质类别');
set(gca,'xtick',x);%设置坐标具体数值
```

```
set(gca,'ytick',y);
axis([1,n,0,7]);
% hObject    handle to pushbutton4 (see GCBO)
% eventdata  reserved - to be defined in a future version of MATLAB
% handles    structure with handles and user data (see GUIDATA)
```

1.8　方法组合评价向导

1.8.1　数据输入

```
% --- Executes on button press in pushbutton1.
function pushbutton1_Callback(hObject, eventdata, handles)
[fileName,pathName]=uigetfile;
pathfile=[pathName,fileName];
SC=xlsread(pathfile);
assignin('base','SC',SC);
assignin('base','pathName',pathName);
% hObject    handle to pushbutton1 (see GCBO)
% eventdata  reserved - to be defined in a future version of MATLAB
% handles    structure with handles and user data (see GUIDATA)


% --- Executes on button press in pushbutton2.
function pushbutton2_Callback(hObject, eventdata, handles)
[fileName,pathName]=uigetfile;
pathfile=[pathName,fileName];
BZ=xlsread(pathfile);
assignin('base','BZ',BZ);
% hObject    handle to pushbutton2 (see GCBO)
% eventdata  reserved - to be defined in a future version of MATLAB
% handles    structure with handles and user data (see GUIDATA)


% --- Executes on button press in pushbutton3.
function pushbutton3_Callback(hObject, eventdata, handles)
clc,clear,close all
warning off
```

1.8.2　数据的预处理

```
% --- Executes on button press in pushbutton1.
```

```
function pushbutton1_Callback(hObject, eventdata, handles)
SC=evalin('base','SC');
BZ=evalin('base','BZ');%基本空间载入运行空间
[n,m]=size(SC);
[m,k]=size(BZ);
%对标准进行修正
for i=1:m
    if BZ(i,2)==BZ(i,3)
        BZ(i,3)=BZ(i,2)+BZ(i,2)/100;
    end
    if BZ(i,1)==BZ(i,2)
        BZ(i,2)=BZ(i,1)+BZ(i,1)/1000;
    end
end
%对数据进行归一化
SC1=[SC',BZ];
SC1=mapminmax(SC1);
SC=10*SC1(:,1:n);
BZ=10*SC1(:,n+1:end);
SC=SC';
assignin('base','BZ1',BZ);%在基本空间中建立 BZ\SC
assignin('base','SC1',SC);
% hObject    handle to pushbutton1 (see GCBO)
% eventdata  reserved - to be defined in a future version of MATLAB
% handles    structure with handles and user data (see GUIDATA)


% --- Executes on button press in pushbutton2.
function pushbutton2_Callback(hObject, eventdata, handles)
SC=evalin('base','SC');
BZ=evalin('base','BZ');%基本空间载入运行空间
[n,m]=size(SC);
[m,k]=size(BZ);
%对标准进行修正
for i=1:m
    if BZ(i,2)==BZ(i,3)
        BZ(i,3)=BZ(i,2)+BZ(i,2)/100;
    end
    if BZ(i,1)==BZ(i,2)
        BZ(i,2)=BZ(i,1)+BZ(i,1)/1000;
    end
end
```

```
%对数据进行归一化
SC1=[SC',BZ];
SC1=zscore(SC1')';
SC=10*SC1(:,1:n);
BZ=10*SC1(:,n+1:end);
SC=SC';
assignin('base','BZ1',BZ);%在基本空间中建立BZ\SC
assignin('base','SC1',SC);
% hObject    handle to pushbutton2 (see GCBO)
% eventdata  reserved - to be defined in a future version of MATLAB
% handles    structure with handles and user data (see GUIDATA)


% --- Executes on button press in pushbutton3.
function pushbutton3_Callback(hObject, eventdata, handles)
SC=evalin('base','SC');
BZ=evalin('base','BZ');%基本空间载入运行空间
[n,m]=size(SC);
[m,k]=size(BZ);
%对标准进行修正
for i=1:m
    if BZ(i,2)==BZ(i,3)
        BZ(i,3)=BZ(i,2)+BZ(i,2)/100;
    end
    if BZ(i,1)==BZ(i,2)
        BZ(i,2)=BZ(i,1)+BZ(i,1)/1000;
    end
end
assignin('base','BZ1',BZ);%在基本空间中建立BZ\SC
assignin('base','SC1',SC);
% hObject    handle to pushbutton3 (see GCBO)
% eventdata  reserved - to be defined in a future version of MATLAB
% handles    structure with handles and user data (see GUIDATA)
```

1.8.3　数据降维

```
% --- Executes on button press in pushbutton1.
function pushbutton1_Callback(hObject, eventdata, handles)
SC=evalin('base','SC1');%导入工作空间
BZ=evalin('base','BZ1');
[n,m]=size(SC);
[m,k]=size(BZ);
```

```matlab
%主成分分析
[coef,score,latent,t2]=princomp(SC);
a=mean(SC);
score1=bsxfun(@minus,BZ',a)*coef;
%求大于 1 的特征值所对应的主成分
for i=1:k
    if latent(k-i+1)<1
        latent=latent(1:k-i);
    else
    end
end
[r,s]=size(latent);
%取主成分
SC=score(:,1:r);
BZ=score1(:,1:r)';
assignin('base','BZ2',BZ);%在基本空间中建立 BZ\SC
assignin('base','SC2',SC);
% hObject    handle to pushbutton1 (see GCBO)
% eventdata  reserved - to be defined in a future version of MATLAB
% handles    structure with handles and user data (see GUIDATA)


% --- Executes on button press in pushbutton2.
function pushbutton2_Callback(hObject, eventdata, handles)
SC=evalin('base','SC1');%导入工作空间
BZ=evalin('base','BZ1');
[n,m]=size(SC);
[m,k]=size(BZ);
%系统聚类降维方法,此方法适用因子过多，数据量大的情况
a=abs(corrcoef(SC));
b=zeros(k);
b=b(1:k,1);
for i=1:k
    for j=i+1:k
        if a(i,j)>0.8
            a(:,i)=b;
        else
            a=a;
        end
    end
end
%返回剩余因子
```

```
c=a(1,:);
[row,col]=find(c>0);
[n1,k1]=size(col);
for i=1:k1
    SC1(:,i)=SC(:,col(i));
    BZ1(i,:)=BZ(col(i),:);
end
assignin('base','BZ2',BZ1);%在基本空间中建立 BZ\SC
assignin('base','SC2',SC1);


% hObject    handle to pushbutton2 (see GCBO)
% eventdata  reserved - to be defined in a future version of MATLAB
% handles    structure with handles and user data (see GUIDATA)



% --- Executes on button press in pushbutton4.
function pushbutton4_Callback(hObject, eventdata, handles)
SC=evalin('base','SC1');
BZ=evalin('base','BZ1');%基本空间载入运行空间
assignin('base','BZ2',BZ);%在基本空间中建立 BZ\SC
assignin('base','SC2',SC);
% hObject    handle to pushbutton4 (see GCBO)
% eventdata  reserved - to be defined in a future version of MATLAB
% handles    structure with handles and user data (see GUIDATA)
```

1.8.4　方法选择

```
% --- Executes on button press in pushbutton1.
function pushbutton1_Callback(hObject, eventdata, handles)
SC=evalin('base','SC2');
BZ=evalin('base','BZ2');
pathName=evalin('base','pathName');%将工作空间值赋值给
[n,m]=size(SC);%n 是样本值个数，m 是主成分个数
%对标准进行处理
[m,k]=size(BZ);
for i=1:m
    if BZ(i,2)==BZ(i,3)
        BZ(i,3)=BZ(i,2)+BZ(i,2)/100;
    end
    if BZ(i,1)==BZ(i,2)
        BZ(i,2)=BZ(i,1)+BZ(i,1)/1000;
    end
```

```
end
%模糊关系矩阵的确定
for i=1:n
    for j=1:m
        if BZ(j,1)<=BZ(j,2)  %隶属度函数,非溶解氧
        y=SC(i,j);
        b1=BZ(j,1);
        b2=BZ(j,2);
        b3=BZ(j,3);
        b4=BZ(j,4);
        b5=BZ(j,5);
        if y<=b1
            y1=1;
            elseif b1<y && y<b2
                y1=(b2-y)/(b2-b1);
        else
            y1=0;
        end
        if b2<y && y<b3
            y2=(b3-y)/(b3-b2);
            elseif b1<=y && y<=b2
            y2=(y-b1)/(b2-b1);
        else
            y2=0;
        end
if b3<y && y<b4
    y3=(b4-y)/(b4-b3);
elseif b2<=y && y<=b3
        y3=(y-b2)/(b3-b2);
    else
        y3=0;
end
if b4<y && y<b5
    y4=(b5-y)/(b5-b4);
elseif b3<=y && y<=b4
        y4=(y-b3)/(b4-b3);
    else
        y4=0;
end
if y>=b5
    y5=1;
elseif b4<y && y<b5
```

```
            y5=(b5-y)/(b5-b4);
        else
            y5=0;
end
R(j,1)=y1;
R(j,2)=y2;
R(j,3)=y3;
R(j,4)=y4;
R(j,5)=y5;
        else%溶解氧类
        a1=BZ(j,1);%DO
        a2=BZ(j,2);
        a3=BZ(j,3);
        a4=BZ(j,4);
        a5=BZ(j,5);
        x=SC(i,j);
if x<=a5
    x5=1;
elseif a5<x && x<a4
        x5=(a4-x)/(a4-a5);
    else
        x5=0;
end
if a4<x && x<a3
    x4=(a3-x)/(a3-a4);
elseif a5<=x && x<=a4
        x4=(x-a5)/(a4-a5);
    else
        x4=0;
end
if a3<x && x<a2
    x3=(a2-x)/(a2-a3);
elseif a4<=x && x<=a3
        x3=(x-a4)/(a3-a4);
    else
        x3=0;
end
if a2<x && x<a1
    x2=(a1-x)/(a1-a2);
elseif a3<=x && x<=a2
        x2=(x-a3)/(a2-a3);
    else
```

```
            x2=0;
    end
    if x>=a1
        x1=1;
    elseif a2<x && x<a1
            x1=(a1-x)/(a1-a2);
        else
            x1=0;
    end
    R(j,1)=x1;
    R(i,2)=x2;
    R(j,3)=x3;
    R(j,4)=x4;
    R(j,5)=x5;
            end
            %权重值的确定，两种方式
            S=mean(BZ,2);%均值
            w(j)=SC(i,j)/S(j);
        end
        R=R(1:m,:);%隶属函数矩阵 R
        A=w./sum(w);%归一化
        B(i,:)=A*R;%求模糊综合评价矩阵
    end
    [a,b]=max(B,[],2);
    B(:,6)=b;
    B=B(:,6);
    assignin('base','B',B);%在基本空间中建立 B
    pathfile=[pathName,'水质模糊综合评价结果'];%放与原目录下
    xlswrite(pathfile,B);
    open 'B';
    % hObject    handle to pushbutton1 (see GCBO)
    % eventdata  reserved - to be defined in a future version of MATLAB
    % handles    structure with handles and user data (see GUIDATA)


    % --- Executes on button press in pushbutton2.
    function pushbutton2_Callback(hObject, eventdata, handles)
    SC=evalin('base','SC2');
    BZ=evalin('base','BZ2');
    pathName=evalin('base','pathName');%将工作空间值赋值给
    [n,m]=size(SC);
    [m,k]=size(BZ);
```

```
T=1:k+2;
%将数据调整到大于 0 的值
ASC=[SC;BZ'];
A1=bsxfun(@minus,ASC,min(ASC));
A2=A1+1;
SC=A2(1:n,:);
BZ=A2(n+1:end,:)';
%对标准进行修正
for i=1:m
    if BZ(i,2)==BZ(i,3)
        BZ(i,3)=BZ(i,2)+BZ(i,2)/100;
    end
    if BZ(i,1)==BZ(i,2)
        BZ(i,2)=BZ(i,1)+BZ(i,1)/1000;
    end
end
%增加两个标准
for i=1:m
    if BZ(i,1)>BZ(i,2)
        BZ(i,2:6)=BZ(i,1:5);
        BZ(i,1)=BZ(i,2)*2;
        BZ(i,7)=0;
    else
        BZ(i,2:6)=BZ(i,1:5);
        BZ(i,1)=0;
        BZ(i,7)=BZ(i,6)*2;
    end
end
SC=SC';
P=BZ;
%神经网络参数确定
c1=1;
 i=1;
 for i=1:300
    if c1>0.05
        a=sqrt(m+1)+2;
        a=round(a);
        net=newff(P,T,a);
        net.trainParam.show=100;%过程显示
        net.trainParam.lr=0.01;%学习速率
        net.trainParam.mc=0.5;%动量因子
        net.trainParam.goal=1e-3;%均方差
```

```
        [net,tr]=train(net,P,T);
        for i=1:k+2
            s=P(:,i);%列向量
            b(i)=sim(net,s);
        end
    %进行误差循环
    c=b-T;
    c1=sqrt(var(c));
    else
    end
 end
for i=1:n
s=SC(:,i);%列向量
B(i)=sim(net,s);
end
B=B';
b=b';
assignin('base','B',B);%在基本空间中建立 B
assignin('base','b',b);
pathfile1=[pathName,'BP 网络水质评价结果'];%放与原目录下
pathfile2=[pathName,'BP 网络拟合值'];%放与原目录下
xlswrite(pathfile1,B);
xlswrite(pathfile2,b);
open 'B';
open 'b';
% hObject      handle to pushbutton2 (see GCBO)
% eventdata    reserved - to be defined in a future version of MATLAB
% handles      structure with handles and user data (see GUIDATA)


% --- Executes on button press in pushbutton3.
function pushbutton3_Callback(hObject, eventdata, handles)
SC=evalin('base','SC2');
BZ=evalin('base','BZ2');
pathName=evalin('base','pathName');%将工作空间值赋值给
[n,m]=size(SC);%n 是样本值个数，m 是主成分个数
%对标准进行处理
[m,k]=size(BZ);
%分别同水质类别进行聚类
for i=1:n
    x=SC(i,:);
    for j=1:k
```

```
        y=BZ(:,j);
        a=corrcoef(x,y);
        B(i,j)=a(1,2);
    end
end
[a,b]=max(B,[],2);
B(:,6)=b;
B=B(:,6);
assignin('base','B',B);
pathfile=[pathName,'水质聚类评价结果'];%放与原目录下
xlswrite(pathfile,B);
open 'B';
% hObject    handle to pushbutton3 (see GCBO)
% eventdata  reserved - to be defined in a future version of MATLAB
% handles    structure with handles and user data (see GUIDATA)


% --- Executes on button press in pushbutton5.
function pushbutton5_Callback(hObject, eventdata, handles)
% hObject    handle to pushbutton5 (see GCBO)
% eventdata  reserved - to be defined in a future version of MATLAB
% handles    structure with handles and user data (see GUIDATA)


% --- Executes on button press in pushbutton6.
function pushbutton6_Callback(hObject, eventdata, handles)
clc,clear,close all
warning off
% hObject    handle to pushbutton6 (see GCBO)
% eventdata  reserved - to be defined in a future version of MATLAB
% handles    structure with handles and user data (see GUIDATA)
```

1.9 一键自动化评价

1.9.1 数据输入

```
% --- Executes on button press in pushbutton1.
function pushbutton1_Callback(hObject, eventdata, handles)
[fileName,pathName]=uigetfile;
pathfile=[pathName,fileName];
SC=xlsread(pathfile);
```

```
assignin('base','SC',SC);
assignin('base','pathName',pathName);
% hObject    handle to pushbutton1 (see GCBO)
% eventdata  reserved - to be defined in a future version of MATLAB
% handles    structure with handles and user data (see GUIDATA)


% --- Executes on button press in pushbutton2.
function pushbutton2_Callback(hObject, eventdata, handles)
[fileName,pathName]=uigetfile;
pathfile=[pathName,fileName];
BZ=xlsread(pathfile);
assignin('base','BZ',BZ);
% hObject    handle to pushbutton2 (see GCBO)
% eventdata  reserved - to be defined in a future version of MATLAB
% handles    structure with handles and user data (see GUIDATA)
```

1.9.2　算法主程序

```
% --- Executes on button press in pushbutton3.
function pushbutton3_Callback(hObject, eventdata, handles)
SC=evalin('base','SC');
BZ=evalin('base','BZ');
pathName=evalin('base','pathName');%将工作空间值赋值给
[n,m]=size(SC);%n 是样本值个数，m 是主成分个数
[m,k]=size(BZ);
[B(:,1),b1]=BP(SC,BZ);%BP 神经网络
for i=1:50%验算 BP 神经网络所得结果是否符合要求
    if abs(b1-3.5)>0.5
        [B(:,1),b1]=BP(SC,BZ);
    else
    end
end
B(:,2)=MOHU(SC,BZ);%模糊综合评价
B(:,3)=JuLei(BZ,SC);%聚类分析
B(:,4)=ZongHeZhiShu(BZ,SC)%综合污染指数法
%将 4 种计算方法所得结果按照规则进行整合
for i=1:n
    if B(i,1)<6
        B1(i,1)=0.3*(B(i,1)+B(i,4)+1)+0.2*(B(i,2)+B(i,3)+2);
    else
        B1(i,1)=0.5*B(i,1)+0.5*(B(i,4)+1);
```

```
        end
end
B=0;
B=B1;%此处 4.2 代表 4 类水
assignin('base','B',B);%在基本空间中建立 B
pathfile1=[pathName,'自动组合水质评价结果'];%放与原目录下
xlswrite(pathfile1,B);
open 'B';
% hObject    handle to pushbutton3 (see GCBO)
% eventdata  reserved - to be defined in a future version of MATLAB
% handles    structure with handles and user data (see GUIDATA)
```

1.9.3　绘图

```
% --- Executes on button press in pushbutton4.
function pushbutton4_Callback(hObject, eventdata, handles)
B=evalin('base','B');%将工作空间中的 B 赋值给 B
[n,m]=size(B);
a=max(B);
x=1:n;
y=1:a+1;
figure;
plot(x,B,'-*');
title('自动组合水质评价图');
xlabel('样本');ylabel('水质类别');
set(gca,'xtick',x);%设置坐标具体数值
set(gca,'ytick',y);
axis([1,n,0,a+1]);
% hObject    handle to pushbutton4 (see GCBO)
% eventdata  reserved - to be defined in a future version of MATLAB
% handles    structure with handles and user data (see GUIDATA)
```